多媒体技术及应用实验指导

王建书　董万归　主　编

U0227800

清华大学出版社
北京

内 容 简 介

本书由从事"多媒体技术及应用"课程教学工作多年、教学经验丰富的一线教师精心编写。全书由 5 个单元的 12 个实验构成，实验内容涵盖常用多媒体处理软件的基本操作、综合应用和创意设计 3 个层次，循序渐进地培养学习者的基本操作技能和综合应用能力，注重培养学习者的实际操作能力和创新意识。

本书结构层次清晰、内容精练，可读性强，以图文并茂的方式深入浅出地介绍了多媒体技术的基本知识、操作方法以及实践指导。

本书适合作为普通高校多媒体技术及应用上机实践相关课程的本科教材，也可作为计算机爱好者自学多媒体技术的参考用书。

图书在版编目（CIP）数据

多媒体技术及应用实验指导 / 王建书，董万归主编. －北京：清华大学出版社，2023.1（2025.1重印）
ISBN 978-7-302-62506-3

Ⅰ. ①多⋯ Ⅱ. ①王⋯ ②董⋯ Ⅲ. ①多媒体技术－高等学校－教材 Ⅳ. ①TP37

中国国家版本馆 CIP 数据核字（2023）第 005516 号

责任编辑：贾旭龙
封面设计：秦　丽
版式设计：文森时代
责任校对：马军令
责任印制：沈　露

出版发行：清华大学出版社
　　　　网　　　址：https://www.tup.com.cn，https://www.wqxuetang.com
　　　　地　　　址：北京清华大学学研大厦 A 座　　　邮　　编：100084
　　　　社 总 机：010-83470000　　　　　　　　　邮　　购：010-62786544
　　　　投稿与读者服务：010-62776969，c-service@tup.tsinghua.edu.cn
　　　　质量反馈：010-62772015，zhiliang@tup.tsinghua.edu.cn
印 装 者：小森印刷霸州有限公司
经　　销：全国新华书店
开　　本：185mm×260mm　　　印　　张：8　　　字　　数：192 千字
版　　次：2023 年 1 月第 1 版　　　　　　　印　　次：2025 年 1 月第 3 次印刷
定　　价：29.80 元

产品编号：100605-02

编写委员会

主　编：王建书　董万归
副主编：孙艳琼　赵榆琴　陈建华

前 言

随着计算机软硬件技术和现代网络信息技术的飞速发展，多媒体信息逐渐成为网络信息的主流，多媒体技术的应用已经遍及社会生活的各个领域，越来越多的人迫切需要熟悉和掌握多媒体技术，如视频点播、视频会议、远程教育、游戏娱乐、手机 Vlog 等。多媒体技术已经不再是计算机专业人员才懂、才需要学的技术，而是成为现代社会一门普及性的实用技术，它给人们的生活带来了极大的便利，给人们学习知识提供了新的途径，为学习型社会的建设、人们的休闲和娱乐提供了新的方式。为了满足人们对计算机多媒体技术的普遍需求，编写成员在总结多年教学与应用经验的基础上编写了这本《多媒体技术及应用实验指导》。

本书与王建书、陈建华主编的《多媒体技术及应用》内容紧密结合，共 5 个单元 12 个实验。教师在安排实验教学时，可根据学生的情况对教学内容做适当选择和调整。第一单元的实验目的是让学生掌握图形图像处理的相关概念及处理技术；第二单元的实验目的是让学生掌握音频编辑的相关理论及处理技术；第三单元的实验目的是让学生掌握视频编辑的相关理论及处理技术；第四单元的实验目的是让学生掌握动画制作的相关理论及技术；第五单元的实验目的是让学生掌握网页设计的基本技能及网页设计的相关理论。为便于学生独立完成书中的实验，每个实验在具体操作时都有一定的操作指导及提示。各单元的实验拓展了主教材内容的学习深度，有利于提高学生的操作技能和应用能力。

本书理论联系实际，内容由浅入深、循序渐进，实验类型包括验证型、设计型、综合型。本书强调操作方法和技巧，突出应用，旨在使学生快速掌握多媒体的一些主流技术及当今流行的相关新媒体技术，从而培养和提高学生的综合应用能力。

本书提供丰富的辅助教学资源和学习服务内容，读者可扫描右侧的"清大文森学堂"二维码，获取学习资源，进行学习交流。

本书由大理大学王建书、董万归担任主编，孙艳琼、赵榆琴、陈建华担任副主编。各单元编写分工如下：第一、第三、第四单元由王建书编写，第二单元由孙艳琼编写，第五单元由陈建华编写，最后由董万归完成统稿。

清大文森学堂

由于编者水平有限，书中难免有不足和疏漏之处，恳请广大读者批评指正！

主　编
2023 年 1 月

目　录

第一单元

图形图像编辑技术

实验一　Photoshop CC 2018 工具箱常用工具的使用

一、实验目的

1. 掌握 Photoshop CC 2018 图像编辑技术的基本概念
2. 熟悉 Photoshop CC 2018 的工作界面及常用工具的使用方法
3. 熟悉 Photoshop CC 2018 图像编辑技术的基本原理及流程
4. 了解 Photoshop CC 2018 常用术语

二、实验内容

1. Photoshop CC 2018 图像编辑技术的基本原理及流程
2. Photoshop CC 2018 工具箱常用工具的使用

三、实验要求及步骤

1. 文件的基本操作

1）新建文件

执行"文件"|"新建"命令，弹出"新建文档"对话框，如图 1-1 所示。在该对话框中可以根据需要设置文件的名称、尺寸、分辨率、颜色模式和背景内容等选项，单击"创建"按钮，即可新建一个空白文件。

2）打开文件

（1）执行"文件"|"打开"命令，弹出"打开"对话框，选择一个文件（如果需要选择

多个文件，可在按住 Ctrl 键的同时单击要选择的文件），单击"打开"按钮，或者双击文件，即可打开选择的文件。

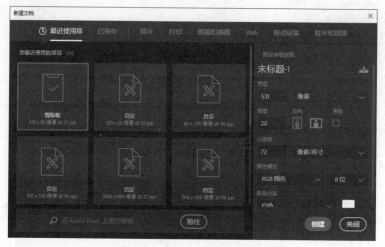

图 1-1 "新建文档"对话框

（2）将文件作为智能对象打开，则执行"文件"|"打开为智能对象"命令，弹出"打开为智能对象"对话框，在其中选择要打开的文件。智能对象是指嵌入当前文件中的对象，可以保留文件的原始数据。

3）保存文件

执行"文件"|"存储"命令，或按 Ctrl+S 快捷键，即可保存所做的修改，图像会被保存为原有格式。如果是一个新建的文件，则会弹出"存储为"对话框，在该对话框中设置保存位置、文件名、文件保存类型，完成后单击"保存"按钮。

2. 图像大小的调整

在"图像大小"对话框中，可以设置图像的打印尺寸和分辨率等。

执行"图像"|"图像大小"命令，即可打开如图 1-2 所示的"图像大小"对话框，对话框中主要选项含义如下。

图 1-2 "图像大小"对话框

（1）图像大小/尺寸：显示了图像的大小和尺寸。单击"尺寸"选项右侧的下拉按钮，在打开的下拉菜单中，可以选择以其他度量单位显示最终输出的尺寸。

（2）调整为：在该下拉列表框中包含了各种预设的图像尺寸。若选择"自动分辨率"选项，则可以打开"自动分辨率"对话框，输入挂网的线数后，Photoshop 会根据输出设备的网频来建议使用的图像分辨率。

3. 倒影效果的设置

调整画布大小并制作图片倒影效果，如图 1-3 和图 1-4 所示。

图 1-3　原始图　　　　　　　　　　　　　　图 1-4　效果图

（1）执行"文件"|"打开"命令，打开素材文件（国家大剧院的图片），如图 1-5 所示。

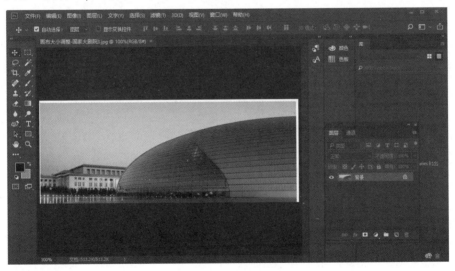

图 1-5　打开图片窗口

（2）按 Ctrl+J 快捷键复制一个图层，再执行"编辑"|"变换"|"垂直翻转"命令，把新建的图层向下移动，发现画布大小在垂直方向上不够。

（3）执行"图像"|"画布大小"命令，打开"画布大小"对话框，对画布大小进行适当调整，这里只调整画布垂直方向，如图 1-6 所示。

（4）选择"画笔工具"，适当调整画笔的大小（"大小"为"380 像素"，"硬度"为 0%），设置前景色为黑色，在新建的垂直翻转的图层上适当涂抹，即可得到倒影效果图，如图 1-7 所示。

图 1-6　"画布大小"对话框

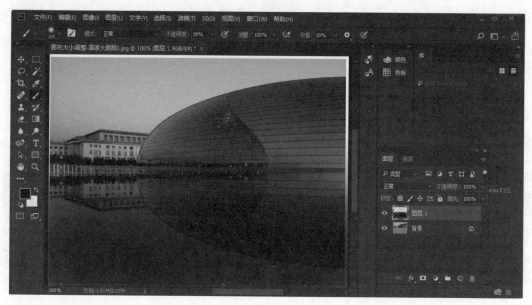

图 1-7　倒影效果图

4. 图片的拼合

执行"置入嵌入智能对象"命令，单击工具箱中的"魔棒工具"按钮，在白色背景上单击，选中背景。在文档中置入图片文件，对置入的文件进行缩放、旋转等操作，完成图片的拼合，如图 1-8 和图 1-9 所示。

图 1-8　原始图

图 1-9　效果图

（1）按 Ctrl+O 快捷键，打开背景素材文件"背景图校园"。

（2）执行"文件"|"置入嵌入智能对象"命令，选择素材文件"大象"，把大象图片智能置入校园图片中，并适当调整大小和方向，按 Enter 键确定置入。按 Esc 键可取消置入。

（3）按住 Alt 键并单击"图层"面板中的"添加图层蒙版"按钮，创建蒙版将白色背景区域遮住，图像效果如图 1-10 所示。

5. 特效图片的制作

通过图像的变化与变形操作制作特效接球图片，如图 1-11 和图 1-12 所示。

图 1-10　置入智能对象效果图

图 1-11 原始图

图 1-12　效果图

（1）按 Ctrl+O 快捷键，打开素材文件"接球"和"火焰"。

（2）选择"魔棒工具"，选中"火焰"图片的黑色区域，执行"选择"|"反选"命令，先按 Ctrl+C 快捷键，再按 Ctrl+V 快捷键，把火焰部分粘贴到"接球"图片上，执行"编辑"|"自由变换"命令，适当改变大小。

（3）执行"编辑"|"变换"|"透视"命令，拖动定界框上的控制点到适当角度，如图 1-13 所示。

（4）右击，在弹出的快捷菜单中选择"自由变换"选项，进行适当的选择变换，按 Enter 键确定。

（5）选择"橡皮擦工具"，设置适当的大小和硬度（本例"大小"为"90 像素"，"硬度"为 10%），擦去遮挡手臂和帽檐的部分，得到最终效果，如图 1-14 所示。

图 1-13　透视角度调整

图 1-14　最终效果图

6. 照片的修复与美化

利用 Photoshop 中的工具可以对一些有缺损的图片和照片中的污点、杂点、红眼等瑕疵进行快速修复和修补,相关工具主要包括"污点修复画笔工具""修复画笔工具""修补工具""红眼工具""内容感知移动工具"。

1)照片的修复

利用"污点修复画笔工具""修补工具""红眼工具"等对有瑕疵的照片进行修复,如图 1-15 和图 1-16 所示。

图 1-15 原始图

图 1-16 效果图

（1）按 Ctrl+O 快捷键，打开素材文件"污点红眼照片"。

（2）在 Photoshop 工具箱中分别选择"污点修复画笔工具""修补工具""红眼工具"对素材图片进行修补，效果如图 1-17 所示。

图 1-17 照片修复效果图

2）去除人物眼袋

利用"修复画笔工具"可以对图像局部（如眼袋）进行修复，如图 1-18 和图 1-19 所示。

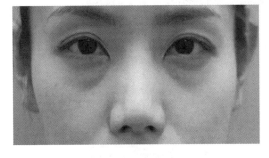

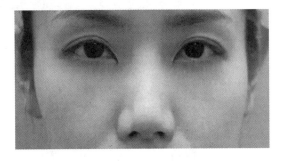

图 1-18 原始图

图 1-19 效果图

选择"修复画笔工具"，在被修饰区域的周围按住 Alt 键取样，并将样本的纹理、光照等与所修复的像素匹配，从而去除照片中人物的眼袋，得到如图 1-20 所示的效果。

图 1-20　去除眼袋效果图

3）内容识别填充

在 Photoshop 中，有时需要使用内容识别填充功能修复图片，在不破坏原图背景元素等前提下把不需要的元素删除，如图 1-21 和图 1-22 所示。

图 1-21　原始图　　　　　　　　　　　　　　　图 1-22　效果图

（1）按 Ctrl+O 快捷键，打开素材文件"二人"。

（2）使用"套索工具"选择右边的人物，建立一个选区，如图 1-23 所示。

图 1-23　使用"套索工具"建立选区

（3）单击"选择并遮住"按钮，打开"属性"面板，单击"确定"按钮。

（4）执行"编辑"|"填充"命令，打开"填充"对话框，在"内容"下拉列表框中选择"内容识别"选项，单击"确定"按钮，即可得到如图 1-24 所示的效果。

图 1-24 内容识别填充效果图

7. 选区的创建和编辑

选区是 Photoshop 中不可缺少的功能。绘制一个选区后，选区外的区域将受到保护，不受其他操作的影响，可对选区内的图像进行移动、复制、变换等操作。在制作图像的过程中，首先接触的就是选区。选区建立之后，在选区的边界会出现不断交替闪烁的虚线，以表示选区的范围，如要使建立的选区周围出现柔和的效果，可以在建立选区时设置适当的羽化像素。

1）制作萌宠小狗图片

利用"磁性套索工具"建立选区，制作戴眼镜萌宠小狗图片，如图 1-25～图 1-27 所示。

图 1-25 原始图（1）　　　　图 1-26 原始图（2）　　　　图 1-27 效果图

（1）按 Ctrl+O 快捷键，打开"眼镜"和"小狗"素材文件。选择工具箱中的"磁性套索工具"，移动光标至眼镜边缘，单击以确定起点，然后沿着眼镜边缘移动鼠标（非拖动），单击工具选项栏中的"从选区减去"按钮，或按住 Alt 键，沿着眼镜内框移动鼠标，减去对镜片的选择，如图 1-28 所示。

图 1-28 使用"磁性套索工具"建立选区

（2）选择"移动工具"，将选区图像拖至小狗素材图像中，按 Ctrl+T 快捷键开启自由变换功能，适当调整位置、大小和角度。

（3）选择"套索工具"，套出左边眼镜架，按 Ctrl+J 快捷键复制一个图层，拖至右边，按 Ctrl+T 快捷键进入自由变换状态，右击，在弹出的快捷菜单中选择"水平翻转"选项，单击"图层"面板中的"添加图层蒙版"按钮，选中蒙版缩览图，选择"画笔工具"，设置前景色为黑色，在画面中涂抹，使图形融合自然，修补眼镜右边缺损部分，最终效果如图 1-29 所示。

图 1-29 萌宠小狗最终效果图

2）利用色彩范围抠出图章

"套索工具""磁性套索工具""魔棒工具"一般只适用于颜色反差强烈的图像，对于颜色反差不是很强烈，背景颜色又比较复杂的对象，可以用色彩范围来建立选区实现抠图的效果，如图 1-30 和图 1-31 所示。

（1）按 Ctrl+O 快捷键，打开"图章"和"文本"素材文件。

（2）选择图章图片所在图层，执行"选择"|"色彩范围"命令，打开"色彩范围"对话框，如图 1-32 所示。适当调整颜色容差值（本例设置为 100），单击"确定"按钮。

图 1-30　原始图　　　　　　　图 1-31　效果图　　　　　图 1-32　"色彩范围"对话框

（3）按 Ctrl+C 快捷键复制图章，选择"文本"图片文件，再按 Ctrl+V 快捷键粘贴。调整图章至适当位置，最终效果如图 1-33 所示。

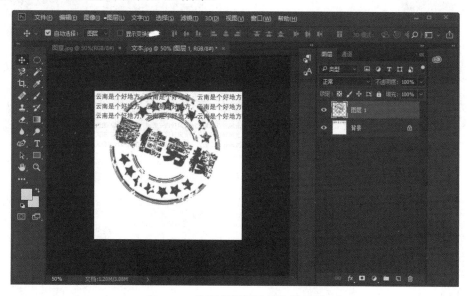

图 1-33　色彩范围抠图最终效果图

3）制作骏马跃黄河的效果图

利用"选择并遮住"建立选区并抠图（此方法可以抠出如头发丝等非常细小的内容），制作骏马跃黄河效果图，如图 1-34～图 1-36 所示。

图 1-34　原始图（1）　　　　　图 1-35　原始图（2）　　　　图 1-36　效果图

（1）按 Ctrl+O 快捷键，打开"飞马"和"黄河壶口"素材文件。选择"飞马"图片，然后选择"快速选择工具",为图中的马建立选区。单击"选择并遮住"按钮,打开对应的"属性"面板,选择"调整边缘画笔工具"勾勒出马的尾毛和鬃毛部分发丝,适当调整"半径"值(本例设置为"5 像素"),选中"净化颜色"复选框,在"输出到"下拉列表框中选择"新建图层"选项,如图 1-37 所示,单击"确定"按钮,即可抠出骏马。

图 1-37　选择并遮住对话框

(2) 将抠出的马对象拖曳至"黄河壶口"图片中,适当调整大小和角度,如图 1-38 所示。

图 1-38　骏马跃黄河壶口效果图

8. 知识巩固

根据以上内容,打开自己准备的素材文件,设计制作对应知识点的具有自己个性元素的作品。

实验二　Photoshop CC 2018 色彩、路径和图层的运用

一、实验目的

1. 掌握 Photoshop CC 2018 图像颜色三要素的基本调整方法
2. 掌握 Photoshop CC 2018 画笔与颜色作画的基本方法
3. 掌握 Photoshop CC 2018 图层的基本使用方法
4. 熟悉 Photoshop CC 2018 路径与矢量工具的基本使用方法
5. 了解 Photoshop CC 2018 动作的相关概念

二、实验内容

1. Photoshop CC 2018 图像和色调调整
2. Photoshop CC 2018 画笔与颜色作画
3. Photoshop CC 2018 图层的基本使用
4. Photoshop CC 2018 路径的绘制与编辑应用

三、实验要求及步骤

1. 图像和色调调整

在 Photoshop CC 2018 中提供了大量的色彩和色调调整工具，对处理图像和数码照片非常有帮助。例如，使用"曲线""色阶"等命令可以轻松调整图像的色相、饱和度、对比度和亮度，修正色偏、曝光不足或过度等缺陷，从而得到满意的照片。

（1）把灰暗照片调出靓丽色彩，如图 1-39 和图 1-40 所示。

图 1-39　原始图

图 1-40　效果图

①　按 Ctrl+O 快捷键，打开"绿色小道"素材文件。

②　单击"创建新的填充或调整图层"按钮，在弹出的菜单中选择"色阶"选项，在"图层"面板中生成"色阶 1"调整图层。在色阶属性面板中设置 RGB 通道参数，如图 1-41 所示。调整完成后图像效果如图 1-42 所示。

图 1-41 色阶属性面板

图 1-42 色阶调整最终效果图

（2）利用通道混合器调整颜色。

① 按 Ctrl+O 快捷键，打开素材文件。

② 单击"创建新的填充或调整图层"按钮，在弹出的菜单中选择"通道混合器"选项，然后在"输出通道"下拉列表框中选择颜色通道进行调整，即可得到不同的颜色效果。

（3）通过对色相/饱和度的调整，在不影响素材质感的前提下改变图片颜色，如图 1-43 和图 1-44 所示。

图 1-43 衣服原始图

图 1-44 颜色改变效果图

① 按 Ctrl+O 快捷键，打开黄色毛衣素材文件。

② 选择"快速选择工具"，选中毛衣部分，单击黄色毛衣部分，建立选区。单击"选择并遮住"按钮，选择"调整边缘画笔工具"对毛衣边缘进行微调，单击"确定"按钮。

③ 按 Ctrl+J 快捷键复制一个图层，单击"创建新的填充或调整图层"按钮，在弹出的菜单中选择"色相/饱和度"选项，打开色相/饱和度属性面板，对"色相""饱和度""明度"3 个选项进行参数调整（本例设置"色相"为-120，"饱和度"为+60，"明度"为+30），如图 1-45 所示，即可得到最终效果图，如图 1-46 所示。

（4）运用"颜色替换工具"挑染个性发色，如图 1-47 和图 1-48 所示。

图 1-45　色相/饱和度属性面板

图 1-46　改变衣服颜色最终效果图

图 1-47　头发原始图

图 1-48　头发挑染效果图

① 按 Ctrl+O 快捷键，打开头发素材文件。

② 按 Ctrl+J 快捷键，复制一个图层。

③ 执行"窗口"|"颜色"命令，打开"颜色"面板，调整前景色。

④ 在工具箱中选择"颜色替换工具"，在工具选项栏设置"模式"为"色相"，"限制"为"连续"，"容差"为 30%。

⑤ 在"颜色"面板中拖动 RGB 滑块调整前景色，在人物的头发上涂抹，即可替换颜色。

⑥ 继续使用"颜色替换工具"在人物的头发上涂抹，制作挑染发色效果，如图 1-49 所示。

图 1-49　头发挑染最终效果图

（5）利用替换颜色功能更换证件照背景颜色（红底换为蓝底），如图 1-50 和图 1-51 所示。

图 1-50 红底证件照   图 1-51 蓝底证件照

① 按 Ctrl+O 快捷键，打开"红底证件照"素材文件，按 Ctrl+J 快捷键复制一个图层。

② 选择工具箱中的"颜色替换工具"，设置"模式"为"色相"，单击"取样连续"按钮，设置限制为"连续"，并适当调整颜色容差值。

③ 执行"图像"|"调整"|"替换颜色"命令，打开"替换颜色"对话框，如图 1-52 所示。

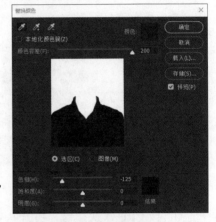

④ 在"替换颜色"对话框中，单击"颜色"右侧的颜色块，在照片中选择要被替换的颜色（红色），单击"结果"上侧的颜色块，选择替换的颜色（蓝色），单击"确定"按钮即可得到最终效果图，如图 1-53 所示。

图 1-52 "替换颜色"对话框

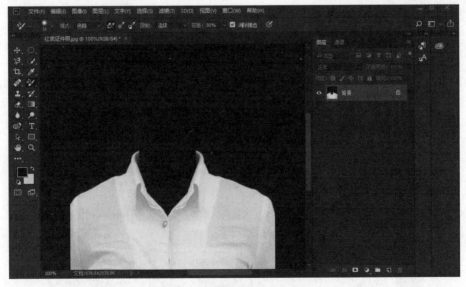

图 1-53 替换颜色最终效果图

2. 画笔与颜色作画

利用"画笔工具"为黑白照片上色，如图 1-54 和图 1-55 所示。

图 1-54　黑白荷花图　　　　　　　　　　　图 1-55　彩色荷花图

（1）按 Ctrl+O 快捷键，打开黑白荷花素材文件。

（2）在"图层"面板中单击"创建新图层"按钮，新建一个图层。

（3）选择"画笔工具"，将前景色设置为粉红色（R：255，G：0，B：255），在黑白照片的荷花上涂抹，如图 1-56 所示。

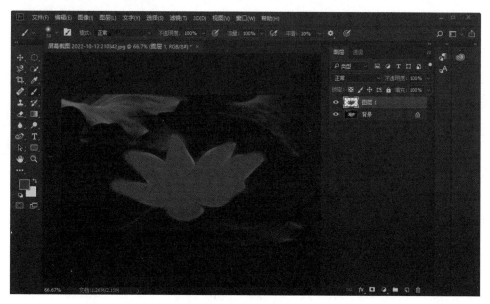

图 1-56　为荷花上色

（4）双击新建的图层，打开"图层样式"对话框，设置"混合模式"为"颜色"，即可为荷花上色。

（5）单击"创建新图层"按钮，新建一个图层，用同样的方法为叶片涂抹绿色（R：0，G：255，B：0），再双击该图层，打开"图层样式"对话框，设置"混合模式"为"颜色"，即可为叶片上色。最终效果如图 1-57 所示。

3. 图层的基本应用

图层是 Photoshop CC 2018 最重要的概念，承载着几乎所有的编辑操作。每个图层都保存着特定的图像信息，根据功能的不同分成不同的种类，如文字图层、形状图层、填充图层或调整图层等。需要注意的是，在操作时要编辑哪个对象，必须先选中该对象所在的图层。

（1）使用图层制作绚丽唇彩，如图 1-58 和图 1-59 所示。

图 1-57　黑白图片上色最终效果图

图 1-58　原始图

图 1-59　效果图

① 按 Ctrl+O 快捷键，打开嘴唇素材文件，按 Ctrl+J 快捷键复制一个图层。

② 选择"钢笔工具"，选中复制的图层，在嘴唇周围建立路径，右击，将其转化为选区。

③ 选择"画笔工具"，把嘴唇上建立选区的部分涂成红色。

④ 选中该图层，设置图层混合模式为"正片叠底"。

⑤ 双击该图层，打开"图层样式"对话框，如图 1-60 所示。按住 Alt 键，单击"混合颜色带"的"下一图层"按钮，即可得到最终效果，如图 1-59 所示。

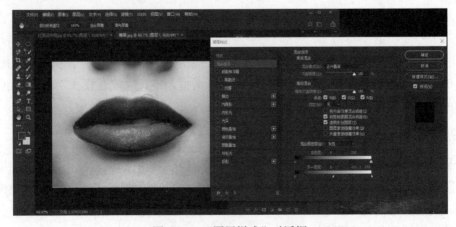

图 1-60　"图层样式"对话框

（2）使用图层制作布料褶皱效果，如图 1-61～图 1-63 所示。

图 1-61　褶皱布原始图　　　图 1-62　花布原始图　　　图 1-63　布料效果图

① 按 Ctrl+O 快捷键，打开"褶皱布"素材文件，按 Ctrl+J 快捷键复制一个图层。

② 按 Ctrl+Alt+U 快捷键，单击"确定"按钮，给褶皱布去色。

③ 按 Ctrl+O 快捷键，打开"花布"素材文件，拖到去色的褶皱布图层上面，适当调整大小。

④ 在"图层"面板中设置图层混合模式为"叠加"，即可得到需要的效果，如图 1-64 所示。

图 1-64　图层叠加最终效果图

4. 路径的绘制与编辑应用

通过路径可以创建复杂的直线段和曲线段，常常用于辅助抠图和绘制矢量图形。路径是可以转换为选区或者使用颜色填充和描边的轮廓，按照形态分为开放路径、闭合路径以及复合路径。

（1）利用路径制作路径文字，如图 1-65 和图 1-66 所示。

图1-65　雕塑原图　　　　　　　　　　　图1-66　路径文字效果图

① 按 Ctrl+O 快捷键，打开雕塑素材文件。

② 选择"弯度钢笔工具"，在雕塑图像周围绘制一条弯曲的路径，如图 1-67 所示。

图1-67　绘制路径

③ 选择"横排文字工具"，设置前景色为红色，在工具选项栏设置字体为"华文琥珀"，并确定字体大小。设置完成后将光标放置在路径上方，光标会显示为形状，单击输入文字，文字会自动沿着路径排列，按 Ctrl+Enter 快捷键确定。

④ 完成文字的输入后按 Ctrl+H 快捷键隐藏路径，即可得到路径文字。

（2）利用路径建立选区并修图，制作双眼皮效果，如图 1-68 和图 1-69 所示。

① 按 Ctrl+O 快捷键，打开单眼皮素材文件。

② 选择"弯度钢笔工具"，在眼睛周围建立路径，右击，将其转化为选区，如图 1-70 所示。

图 1-68　单眼皮原图

图 1-69　双眼皮效果图

图 1-70　建立路径

③ 选择工具箱中的"加深工具"，在眼皮下方适当涂抹。

④ 执行"选择"|"反选"命令，选择工具箱中的"减淡工具"，在眼皮上方适当涂抹。按 Enter 键得到最终效果图。

5. 知识巩固

根据以上内容，打开自己准备的素材文件，设计制作对应知识点的具有自己个性元素的作品。

实验三　Photoshop CC 2018 蒙版、通道、文字工具和滤镜的运用

一、实验目的

1. 掌握 Photoshop CC 2018 蒙版的基本使用方法
2. 掌握 Photoshop CC 2018 通道的基本使用方法
3. 掌握 Photoshop CC 2018 文字工具的基本使用方法
4. 熟悉 Photoshop CC 2018 滤镜的基本使用方法

二、实验内容

1. Photoshop CC 2018 蒙版的运用
2. Photoshop CC 2018 通道的基本使用
3. 使用 Photoshop CC 2018 文字工具制作文字
4. Photoshop CC 2018 滤镜的使用

三、实验要求及步骤

1. 蒙版的运用

Photoshop CC 2018 的蒙版是一种特殊的选区，与常规的选区颇为不同。常规的选区表现了一种操作趋向，即将对所选区域进行处理；而蒙版却相反，它是对所选区域进行保护，让其免于操作，而对非掩盖的区域应用操作，即可对蒙版范围外的区域进行编辑与处理。

（1）利用图层蒙版组合照片，效果如图 1-71 所示。

图 1-71　图层蒙版组合效果图

① 按 Ctrl+O 快捷键，分别打开"云海""地球""金字塔""长城" 4 个素材文件。

② 利用"套索工具"分别把"地球""金字塔""长城"选中，然后复制、粘贴到"云海"照片上，并适当改变大小和方向。

③ 在"图层"面板分别为粘贴的 3 个对象图层建立一个蒙版，将前景色改为黑色，选择

"画笔工具"，适当修改大小和硬度，在各自图层蒙版上涂抹，如图 1-72 所示。

图 1-72 添加图层蒙版

④ 单击"图层"面板底部的"创建新的填充或调整图层"按钮，依次添加"自然饱和度"、"曲线"和"色彩平衡"调整图层，设置相应参数后即可得到最终效果图，如图 1-73 所示。

图 1-73 图层蒙版组合最终效果图

（2）利用剪贴蒙版制作花瓶贴花效果，如图 1-74～图 1-76 所示。

图 1-74 梅花原始图　　　　　图 1-75 花瓶原始图　　　　　图 1-76 贴花效果图

① 按 Ctrl+O 快捷键，分别打开"梅花"和"花瓶"素材文件。

② 选择工具箱中的"快速选择工具"，选中花瓶白色部分，按 Ctrl+J 快捷键复制一个图层。

③ 选择工具箱中的"矩形选择工具"，选中梅花图片的一部分，复制、粘贴到新建的花瓶图层上面，并适当调整大小。

④ 在"图层"面板右击新复制的梅花图层，在弹出的快捷菜单中选择"创建剪贴蒙版"选项。

⑤ 设置图层混合样式为"正片叠底"，用"移动工具"适当移动花瓶上的梅花图案，得到最终效果图，如图 1-77 所示。

图 1-77　花瓶贴花最终效果图

2. 通道的基本操作

在 Photoshop 中，通道是用来保存图像的颜色和选区信息的重要功能之一，它主要有两种用途：一种是存储和调整图像颜色，一种是存储选区或创建蒙版。本例利用颜色通道，去除文字上的红色印章，如图 1-78 和图 1-79 所示。

 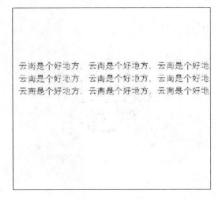

　　图 1-78　带图章文字　　　　　　　　　　图 1-79　去除印章效果

（1）按 Ctrl+O 快捷键，打开"带图章文字"素材文件。

（2）选择"通道"面板，选中红色通道，如图 1-80 所示。

（3）按 Ctrl+L 快捷键打开"色阶"对话框，拖动白色方块到适当位置，直到印章完全消除为止，如图 1-81 所示。

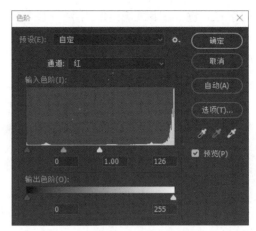

图 1-80　"通道"面板　　　　　　　图 1-81　"色阶"对话框

（4）执行"图像"|"模式"|"灰度"命令，在弹出的"信息"对话框中单击"扔掉"按钮。

（5）执行"文件"|"存储"命令，即可得到最终效果图，如图 1-82 所示。

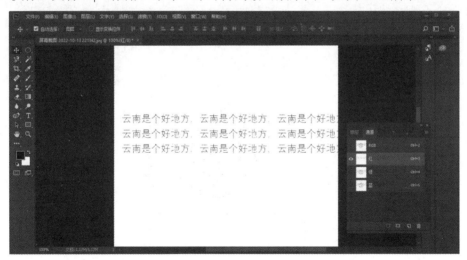

图 1-82　去除图章最终效果图

3. 制作文字的基本方法

文字作为一个重要载体，在平面设计中是不可缺少的元素。文字作为传递信息的重要工具之一，不仅可以传达信息，还能起到美化版面、强化主题的作用。文字经常用在广告、网页、画册等设计作品中，起到画龙点睛的作用。

1）制作广告字

（1）按 Ctrl+O 快捷键，打开"文字背景"素材文件。

（2）选择"横排文字工具"，设置文字大小为 150，字体为华文琥珀，颜色为默认黑色，在背景图片上单击，出现文字光标后输入文字"蓝天白云"。

（3）右击文字所在图层，选择"栅格化文字"选项，把文字转化为图层。

（4）执行"编辑"|"自由变换"命令，适当改变文字的大小和位置。

（5）按住 Ctrl 键，用鼠标选中文字所在图层，给文字建立选区。

（6）选择工具箱中的"渐变工具"，渐变颜色设置为蓝白渐变，渐变模式选择"线性渐变"，把文字颜色变为蓝白渐变色。

（7）双击文字所在图层，打开"图层样式"对话框，按住 Alt 键，对图层混合颜色带进行适当调整，把文字和白云图层进行充分融合，得到如图 1-83 所示的最终效果图。

图 1-83　广告字最终效果图

2）使用滤镜

利用文字工具和滤镜，可以制作各种各样的文字效果，如火焰字、金属字等。

3）水平与垂直文字相互转换

在创建文本后，如果想要调整文字的排列方向，可单击工具选项栏中的"切换文本取向"按钮，也可以执行"文字"|"文本排列方向"|"横排"/"竖排"命令来进行切换。

4）栅格化文字（将普通文字转为图层）

Photoshop 中文字图层不能直接使用选框工具、绘图工具等进行编辑，也不能添加滤镜，所以必须将文字栅格化为图像。

4. 滤镜的使用

滤镜主要用来实现图像的各种特殊效果，在 Photoshop 中具有非常神奇的作用。Photoshop 中的滤镜分类放置在"滤镜"菜单中，使用时只需要从该菜单中执行相应命令即可。

（1）利用滤镜制作漫天飞雪效果图，如图 1-84 和图 1-85 所示。

图 1-84 素材原图　　　　　　　　图 1-85 下雪效果图

① 按 Ctrl+O 快捷键，打开"下雪素材原图"素材文件。

② 按 Ctrl+J 快捷键复制一个图层，把背景色设置成白色。

③ 执行"滤镜"|"像素化"|"点状化"命令，在弹出的"点状化"对话框中将"单元格大小"设置为 8。

④ 执行"滤镜"|"模糊"|"动感模糊"命令，弹出"动感模糊"对话框，将"角度"设为 60 度，"距离"设为 10 像素，单击"确定"按钮，如图 1-86 所示。

⑤ 设置图层混合模式为"滤色"。

⑥ 按 Ctrl+L 快捷键，调出"色阶"对话框进行适当调整，即可得到最终效果图，如图 1-87 所示。

图 1-86 "动感模糊"对话框

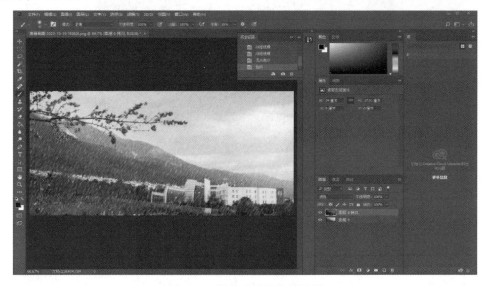

图 1-87 漫天飞雪最终效果图

（2）利用滤镜制作石头刻字效果图，如图 1-88～图 1-90 所示。

图 1-88 刻字石头　　　　图 1-89 刻字素材　　　　图 1-90 石头刻字效果图

① 按 Ctrl+O 快捷键，打开"刻字石头"和"刻字素材"素材文件。

② 把"刻字素材"图片复制到"刻字石头"图片上面，并适当调整大小。单击石头图片所在图层的隐藏按钮，把石头图片隐藏。

③ 把文字图片所在图层另存为"文字.psd"文件。

④ 隐藏文字图片所在图层，显示石头图片所在图层。

⑤ 执行"滤镜"|"滤镜库"命令，在弹出的滤镜库窗口中选择"纹理"|"纹理化"选项，再在右侧"纹理"下拉列表框中选择"文字"类型纹理，如图 1-91 所示。单击其后的"载入纹理"按钮，载入保存的"文字.psd"文件，即可得到石头刻字效果图，如图 1-92 所示。如要突出显示效果，反复执行"滤镜"|"滤镜库"命令即可。

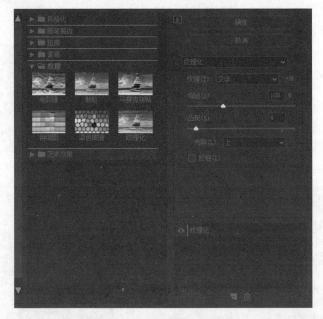

图 1-91　纹理滤镜设置界面

图 1-92　石头刻字最终效果图

（3）利用滤镜给包装盒贴图，如图 1-93 和图 1-94 所示。

图 1-93　包装盒贴纸　　　　　　　图 1-94　包装盒贴纸效果图

① 按 Ctrl+O 快捷键，打开"包装盒贴纸"和"空白包装盒"文件素材。

② 选择工具箱中的"矩形工具"，在包装盒贴纸上建立一个适当大小的选区，按 Ctrl+C 快捷键复制选区。

③ 选中空白包装盒所在图层，按 Ctrl+J 快捷键复制一个图层。

④ 执行"滤镜"|"消失点"命令，在包装盒上建立一个消失范围，设置消失点。注意，拐角的地方要按住 Ctrl 键转弯，并适当调整大小，如图 1-95 所示。

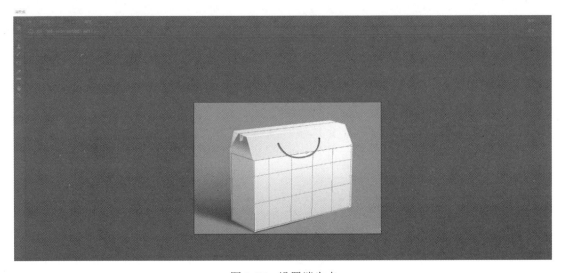

图 1-95　设置消失点

⑤ 按 Ctrl+V 快捷键，把包装盒贴纸粘贴到空白包装盒的固定范围区域，并调整大小和位置。

⑥ 选择包装盒图层，设置图层混合模式为"正片叠底"，即可得到最终效果图，如图 1-96 所示。

图 1-96　空白包装盒贴纸最终效果图

（4）利用"液化"滤镜给人物修身美容，请读者自行完成。

5. 知识巩固

根据以上内容，打开自己准备的素材文件，设计制作对应知识点的具有自己个性元素的作品。

实验四　Photoshop CC 2018 综合应用

一、实验目的

1. 掌握 Photoshop CC 2018 图形图像编辑的方法
2. 熟悉 Photoshop CC 2018 制作精美图片的方法

二、实验内容

1. Photoshop CC 2018 图形图像综合设计作品
2. Photoshop CC 2018 制作精美图片技术的综合运用

三、实验要求及步骤

1. 设计一个 A4 纸大小的个性封面

（1）启动 Photoshop CC 2018，单击"新建"按钮，打开"新建文档"对话框，设置画布"宽度"为"21 厘米"，"高度"为"29.7 厘米"，"分辨率"为"72 像素/英寸"，"颜色模式"为"RGB 颜色"，"背景内容"为"白色"，如图 1-97 所示。单击"创建"按钮，进入编辑界面。

图 1-97　"新建文档"对话框

（2）按 Ctrl+O 快捷键，打开准备好的素材文件，选择对应的工具完成布局。

（3）检查无误后，单击"图层"面板右侧的菜单按钮，在弹出的菜单中选择"拼合图像"选项，完成所有图层的合并。

（4）执行"文件"|"存储"或"存储为"命令，在弹出的"另存为"对话框中输入文件名，设置"保存类型"为.jpg 格式，如图 1-98 所示，单击"保存"按钮即可完成作品的制作。

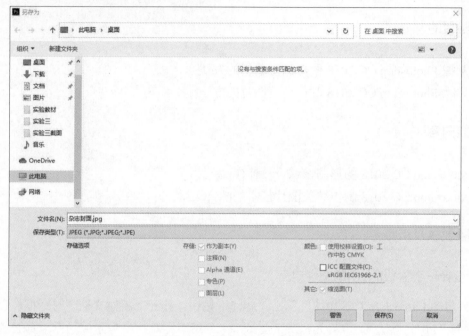

图 1-98　　"另存为"对话框

2. 作品具体要求

（1）主题明确，内容健康向上，能科学、完整地表达主题思想，文字内容通顺，无错别字。素材获取及其加工、内容创作属原创，主题表达形式新颖，构思和创意独特而巧妙，具有想象力和个性表现力。

（2）作品能反映出作者的审美能力和设计能力。设计意识恰当、独特，画面空间和谐，表现形式美观、新颖、准确，具有艺术表现力和感染力，易于理解和接受。

（3）选用的制作工具和表现技巧要准确、恰当，视觉表现效果好，设计要富有创意和时代感，有一定的实用价值。

（4）强调对平面设计三大基本元素（图形、文字、色彩）的综合运用和表现能力，能够在作品中熟练运用图层、蒙版、滤镜、色彩调整和文字工具等。

（5）将作品保存为 JPEG/JPG 格式。

3. 知识巩固

根据以上内容，打开自己准备的素材文件，设计制作对应知识点的具有自己个性元素的作品。

第二单元

音频编辑技术

实验 音频处理软件 Audition CC 2018 的基本操作

一、实验目的

1. 熟悉 Audition CC 2018 的基本操作
2. 掌握 Audition CC 2018 音频采集方法
3. 掌握 Audition CC 2018 的一般音频编辑方法
4. 掌握 Audition CC 2018 常用音频效果的处理方法

二、实验内容

1. 录制音频
2. 音频降噪
3. 合成音频

三、实验要求及步骤

1. 录制音频

（1）启动 Audition CC 2018，执行"文件"|"新建"|"音频文件"命令，在弹出的"新建音频文件"对话框中设置"文件名"为"我的录音"，如图 2-1 所示。

（2）确定将麦克风接头插入计算机声卡的麦克风插口。右击任务栏托盘区的喇叭图标，选择"打开声音设置"选项，在打开的"设置"窗口中选择"声音控制面板"，打开"声音"对话框，如图 2-2 所示。在"录制"选项卡中选择"麦克风"选项后单击"属性"按钮，打开"麦克风 属性"对话框，再在"高级"选项卡中选择需要的采样频率和位深度，单击"确定"按钮。

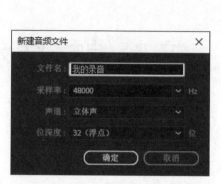

图 2-1 "新建音频文件"对话框　　　　　　图 2-2 "声音"对话框

（3）返回 Audition CC 2018 主界面，单击"录制"按钮（或按 Shift+Space 快捷键），对准麦克风，开始录音。此时可以看到 Audition CC 2018 主界面上的声音记录波形，如图 2-3 所示。

图 2-3 录制音频过程界面

需要注意的是，在开始录音之后，建议先录制 10 秒左右的环境噪声，然后开始录制自己的声音，这样可以方便后期进行降噪处理。

（4）录制完成后，单击"停止"按钮，停止录制。单击"播放"按钮，监听录制效果，如果录制效果达到录制要求，即可执行"文件"|"保存"/"另存为"命令来保存录制的音频，本例把录制的音频文件保存为"我的录音.wav"，如图 2-4 所示。

图 2-4　保存音频文件

2. 音频降噪

对于录制完成的音频，由于硬件设备和环境的制约，总会有噪声生成，所以需要对音频进行降噪，以使得声音干净、清晰。

（1）启动 Audition CC 2018，执行"文件"|"打开"命令，在"打开文件"对话框中选择"我的录音.wav"文件，如图 2-5 所示。

图 2-5　选择"我的录音.wav"文件

（2）单击"打开"按钮后，Audition CC 2018 的主界面如图 2-6 所示。

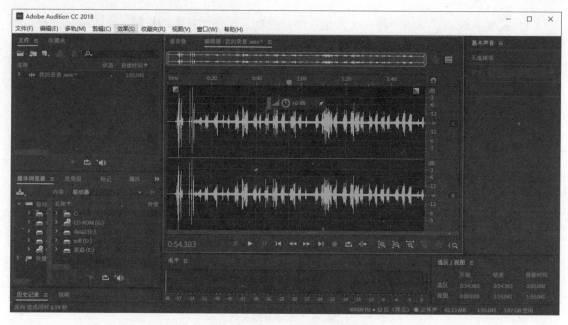

图 2-6　打开文件后的主界面

（3）将音频文件开始阶段录制的环境噪声中有爆音的地方删除。选中爆音区域（见图 2-7），右击，在弹出的快捷菜单中选择"删除"，即可删除爆音区域。

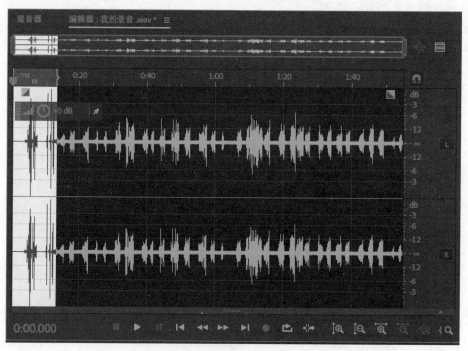

图 2-7　选中音频文件中的爆音波形

（4）选中音频文件开始阶段录制的环境噪声中平缓的噪声片段，如图 2-8 所示。

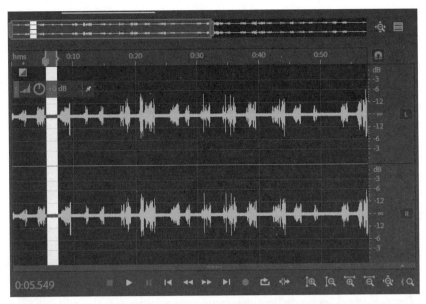

图 2-8　选中音频文件中平缓的噪声片段

（5）在选中的区域上右击，在弹出的快捷菜单中选择"捕捉噪声样本"选项，定义噪声样本。

（6）按 Ctrl+A 快捷键，选中整个音频文件。执行"效果"|"降噪/恢复"|"降噪（处理）"命令，在弹出的"效果-降噪"对话框中单击"应用"按钮，如图 2-9 所示，即可完成音频文件的降噪处理。

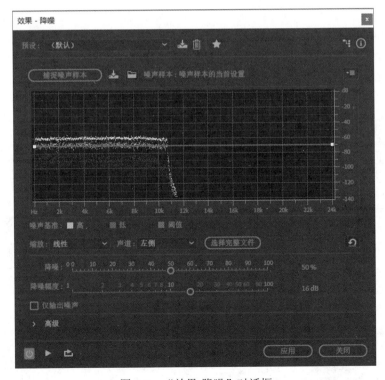

图 2-9　"效果-降噪"对话框

（7）降噪处理结果如图 2-10 所示，相较于图 2-6，从波形中可以明显看到环境噪声波形已经被消除。执行"文件"|"保存"命令保存降噪后的文件。

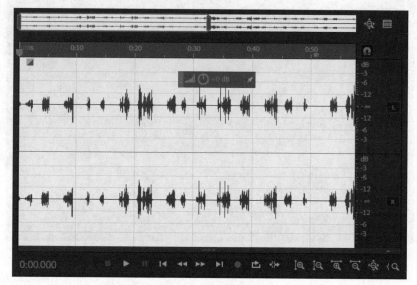

图 2-10　降噪效果图

3. 合成音频

在音频文件编辑处理中，有时候需要给旁白音频合成适当的背景音乐，或者将多个音频合成为一个音频，下面以为经过降噪处理的"我的录音.wav"文件合成背景音乐为例来介绍合成音频的过程。

（1）启动 Audition CC 2018，执行"文件"|"新建"|"多轨会话"命令，在弹出的"新建多轨会话"对话框中设置混音项目名称为"音频合成实验"，保持其余参数值为默认值，如图 2-11 所示，单击"确定"按钮，打开如图 2-12 所示的窗口。

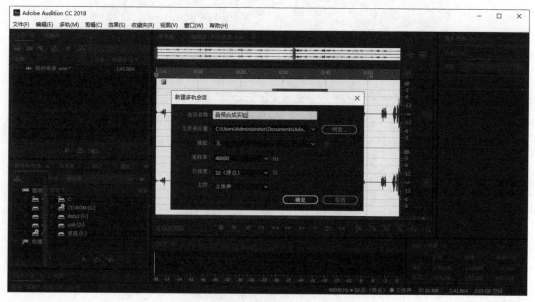

图 2-11　"新建多轨会话"对话框

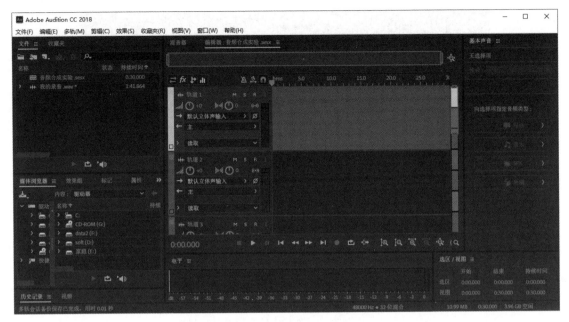

图 2-12　多轨混音窗口

（2）执行"文件"|"导入"|"文件"命令，选择需要进行合成处理的两个音频文件："我的录音.wav"和"步虚词.mp3"，并单击"打开"按钮，被导入的两个文件会显示在主界面左侧的"文件"面板中，如图 2-13 所示。

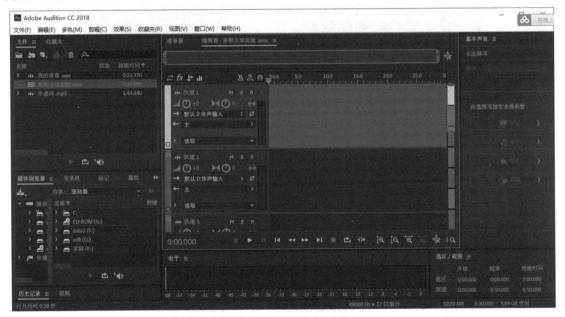

图 2-13　导入音频文件后的主界面

（3）分别拖动两个导入的音频文件到轨道 1 和轨道 2，效果如图 2-14 所示。

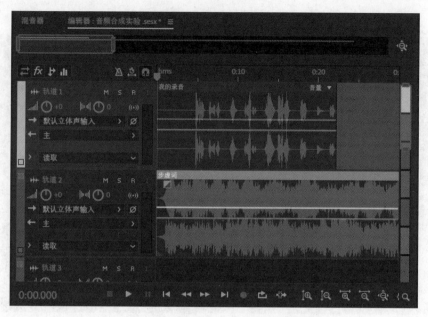

图 2-14 将音频文件导入轨道后的效果界面

（4）将轨道 1 和轨道 2 的时间处理成同样的长度。将鼠标指针指向靠近轨道 2 的结尾位置，待鼠标指针变为一个红色的拖动形状时，按下左键并向左拖动，直到和轨道 1 有相同的长度为止，如图 2-15 所示。

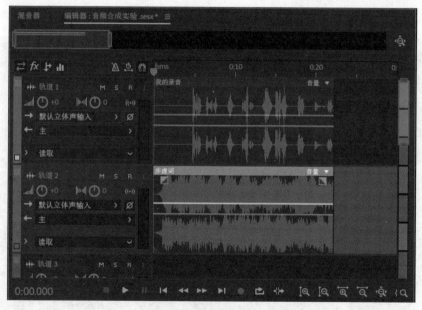

图 2-15 调整轨道为相同长度后的效果界面

（5）导出合成音频效果。执行“文件”|“导出”|“多轨混音”|“整个会话”命令，在弹出的对话框中指定导出的文件格式，本例选择.mp3 格式，“文件名”设置为“学号姓名”，如图 2-16 所示，单击“确定”按钮，即可导出合成的音频文件。

图 2-16 "导出多轨混音"对话框

4. 知识巩固

根据以上内容，打开自己准备的素材文件，设计制作对应知识点的具有自己个性元素的作品。

第三单元

视频编辑技术

实验一　Premiere Pro CC 2018 视频编辑基本操作

一、实验目的

1. 掌握新建、打开、保存 Premiere Pro CC 2018 项目文档的方法
2. 掌握在 Premiere Pro CC 2018 中导入各种素材文件的方法
3. 掌握用 Premiere Pro CC 2018 制作和编辑视频的基本方法
4. 熟悉 Premiere Pro CC 2018 的工作界面

二、实验内容

1. 创建 Premiere Pro CC 2018 项目文件，打开、保存项目文档
2. 在 Premiere Pro CC 2018 项目文件中导入各种素材文件
3. 利用 Premiere Pro CC 2018 制作和编辑视频文件
4. Premiere Pro CC 2018 基本工具的使用

三、实验要求及步骤

1. 新建项目文档

启动 Adobe Premiere Pro CC 2018，进入"开始使用"界面。单击"新建项目"按钮，弹出"新建项目"对话框，如图 3-1 所示，在该对话框中可以设置项目文件的格式、编辑模式、帧尺寸等。单击"位置"右侧的"浏览"按钮，可以选择文件保存的路径，在"名称"右侧的文本框中输入当前项目文件的名称，单击"确定"按钮，即可新建一个 Premiere Pro CC 2018 的空白项目文档。

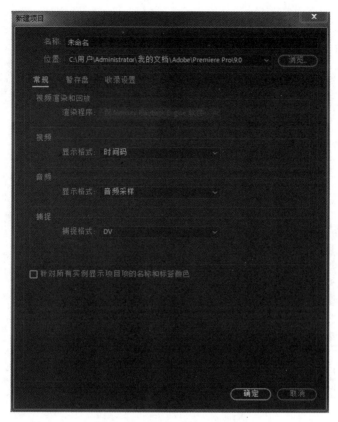

图 3-1　"新建项目"对话框

2. 单独建立序列文件

执行"文件"|"新建"|"序列"命令，即可打开"新建序列"对话框，选择"序列预设"标准，单击"确定"按钮，即可创建一个新的序列文件。

3. 项目文档的保存

在视频编辑过程中，可以根据自己的习惯随时对项目文件进行保存，以防数据意外丢失。可以手动保存项目文档，也可以自动保存项目文档。

1）手动保存项目文档

执行"文件"|"保存"命令，可直接保存项目。如果要改变项目文件的名称或者保存路径，则应该执行"文件"|"另存为"命令，系统会弹出"保存项目"对话框，可在其中设置项目文件的名称和保存路径，然后单击"保存"按钮，即可完成对项目文档的手动保存。

2）自动保存项目文档

在视频编辑过程中，如果没有保存文档的习惯，可以在 Premiere Pro CC 2018 中设置系统自动保存，这样也可以避免工作数据的丢失。

执行"编辑"|"首选项"|"自动保存"命令，即可转到"首选项"对话框的"自动保存"选项组中，在该选项组中选中"自动保存项目"复选框，然后设置"自动保存时间间隔"和"最大项目版本"参数，如图 3-2 所示，系统就会按照设置的间隔时间定时对项目文件进行保存。

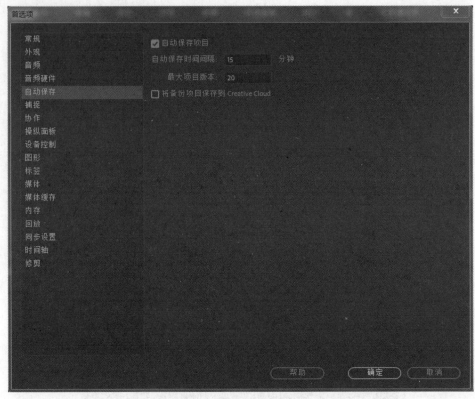

图 3-2　"自动保存"选项组

4. 导入素材文件

为了制作出精美的音频和视频作品，可以把各种格式的素材文件导入 Premiere Pro CC 2018 项目文档中。由于素材文件的种类不同，因此导入素材文件的方法也不相同。

1）导入视频、音频素材文件

（1）双击桌面上的 Premiere Pro CC 2018 快捷图标，启动 Premiere Pro CC 2018 软件，新建项目文件，为其命名并选择保存路径，然后单击"确定"按钮创建空白项目文档。

（2）执行"文件"|"新建"|"序列"命令，在弹出的对话框中保持默认设置。

（3）单击"确定"按钮，进入 Premiere Pro CC 2018 的工作界面，在"项目"面板"名称"选项组的空白处右击，在弹出的快捷菜单中选择"导入"选项（见图 3-3）或按 Ctrl+I 快捷键，打开"导入"对话框，在该对话框中选择需要导入的视频、音频素材文件，然后单击"打开"按钮，即可将选择的素材文件导入"项目"面板中。

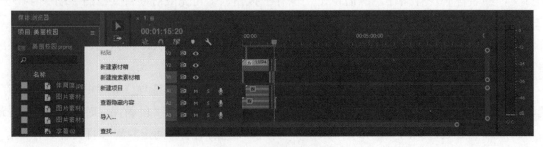

图 3-3　右键快捷菜单

2）导入图像素材文件

按 **Ctrl+I** 快捷键，在弹出的"导入"对话框中选择所需要的素材文件，然后单击"打开"按钮，将选择的素材文件导入"项目"面板中。

3）导入序列文件

序列文件是带有统一编号的图像文件，如果把序列图片中的一张图片导入 Premiere Pro CC 2018 中，就是静态图像文件。如果把序列图片全部导入，系统自动将这个整体作为一个视频文件。

（1）按 **Ctrl+I** 快捷键，弹出"导入"对话框，在该对话框中选中"图像序列"复选框，然后选择素材文件 01.PNG，如图 3-4 所示。

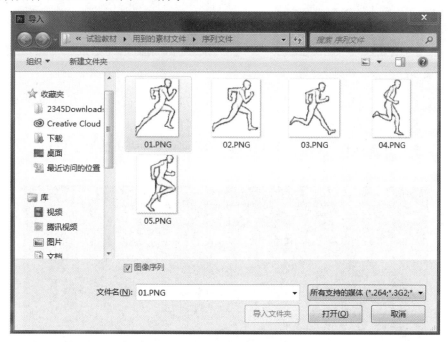

图 3-4　"导入"对话框

（2）单击"打开"按钮，即可将序列文件合成为一段视频文件导入"项目"面板中。

（3）在"项目"面板中双击导入的序列文件，将其导入"源"监视器中，可以播放、预览视频的内容，如图 3-5 所示。

4）导入图层文件

图层文件是包含了多个相互独立的图像图层的文件，图层文件也是静帧图像文件。在 Premiere Pro CC 2018 中，可以将图层文件的所有图层作为一个整体导入，也可以单独导入其中一个图层。

（1）按 **Ctrl+I** 快捷键，打开"导入"对话框，选择所需的图层文件（如 PSD、PDD 文件），然后单击"打开"按钮。

（2）弹出"导入分层文件：图层文件"对话框，在默认情况下，设置"导入为"选项为"序列"，这样就可以将所有的图层全部导入并保持各个图层的相互独立，如图 3-6 所示。

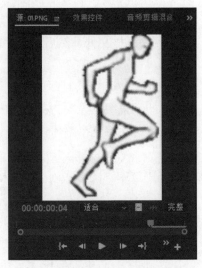

图 3-5   序列文件预览效果   图 3-6   导入图层文件

（3）单击"确定"按钮，即可将图层文件导入"项目"面板中。展开前面导入的文件夹，可以看到文件夹中包括多个独立的图层文件。在"项目"面板中，双击"图层文件"文件夹，会弹出"素材箱：图层文件"面板，在该面板中显示了文件夹下的所有独立图层，如图 3-7 所示。

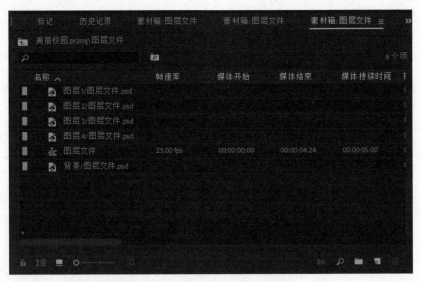

图 3-7   图层文件中的独立图层

5. 在项目文档中编辑素材文件

1）编辑视频文件

导入需要的素材文件后就可以对素材文件进行编辑了，一般可以先在"源"监视器中对素材进行初步编辑，然后在序列文件的"时间轴"面板中对素材进行连接。具体操作方法如下。

（1）双击桌面上的 Premiere Pro CC 2018 快捷图标，启动 Premiere Pro CC 2018 软件，新建项目文件，为其命名并选择保存路径，然后单击"确定"按钮创建空白项目文档。

（2）执行"文件"|"新建"|"序列"命令，在弹出的对话框中保持默认设置。

（3）单击"确定"按钮，进入 Premiere Pro CC 2018 的工作界面，在"项目"面板"名称"
选项组的空白处右击，在弹出的快捷菜单中选择"导入"选项或按 Ctrl+I 快捷键，打开"导入"
对话框，在该对话框中选择需要导入的视频文件"校园生活.mp4"。

（4）在"项目"面板中双击"校园生活.mp4"视频文件，将其导入"源"监视器，如
图 3-8 所示。

图 3-8　导入视频素材到"源"监视器

（5）在"源"监视器中，设置时间为 00:00:05:00，单击█按钮设置入点。然后将时间设
置为 00:00:10:00，单击█按钮设置出点，对视频进行剪切，如图 3-9 所示。

图 3-9　设置视频素材的入点和出点

（6）在"源"监视器中单击"插入"按钮█，将剪切之后的"校园生活.mp4"视频文件
插入"时间轴"面板中，默认放置在 V1 轨道，如图 3-10 所示。

图 3-10 将视频插入"时间轴"面板

（7）在"源"监视器中，依次对视频设置出、入点，通过"插入"按钮将剪切之后的视频文件插入"时间轴"面板，使所有素材首尾连接，如图 3-11 所示。这样就完成对视频素材的剪辑了。

图 3-11 视频剪辑最终效果

2）编辑音频文件

在"时间轴"面板中将素材文件连接为一个整体之后，可以使用各种视频和音频特效来修饰素材，包括为素材添加音乐等。具体操作方法如下。

（1）在"项目"面板中导入一个声音素材文件"怒放的生命.mp3"。将该素材文件拖至"时间轴"面板的 A1 轨道中，使用"剃刀工具" 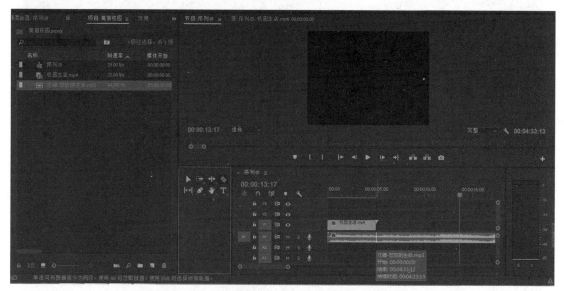 使音频素材和视频轨道中的素材首位对齐，如图 3-12 所示。这样便完成了给视频添加音频文件的操作。

图 3-12 使用"剃刀工具"剪齐音频和视频素材

（2）剪切音频素材之后，单击"音频"按钮，打开"音频剪辑混合器"面板，可以一边预览影片效果，一边观察音频电平，如图 3-13 所示。

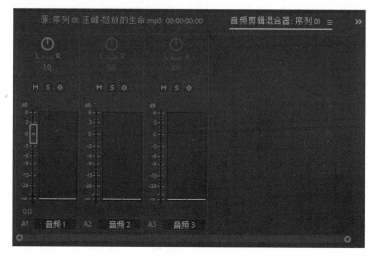

图 3-13 "音频剪辑混合器"面板

6. 导出视频文件

对所有的素材编辑完成后，预览并确定影片的最终效果，接下来就可以按照需要的格式来导出视频。具体操作方法如下。

（1）激活"时间轴"面板，在 Premiere Pro CC 2018 的工作界面中，执行"文件"|"导

出"|"媒体"命令，打开"导出设置"对话框，如图3-14所示。

图3-14 "导出设置"对话框

（2）在"导出设置"对话框中设置导出视频的格式及其他参数。

（3）设置完成后，单击"导出"按钮，会弹出一个对话框，该对话框显示了输出文件所剩余的时间。

（4）导出完成后，会在该文件所在的目录下生成一个所设置格式的媒体文件。

7. 制作电子相册

制作电子相册的具体操作方法如下。

（1）双击桌面上的 Premiere Pro CC 2018 快捷图标，启动 Premiere Pro CC 2018 软件，新建项目文件，为其命名并选择保存路径，然后单击"确定"按钮创建空白项目文档。

（2）执行"文件"|"新建"|"序列"命令，在弹出的对话框中保持默认设置。

（3）单击"确定"按钮，进入 Premiere Pro CC 2018 的工作界面，在"项目"面板"名称"选项组的空白处右击，在弹出的快捷菜单中选择"导入"选项或按 Ctrl+I 快捷键，打开"导入"对话框，在该对话框中选择需要导入的4个图片素材文件，如图3-15所示。

（4）单击"打开"按钮将素材图片导入"项目"面板中，然后选择"体育馆.jpg"素材图片并将其拖曳至V1轨道中，右击，在弹出的快捷菜单中选择"速度/持续时间"选项，弹出"剪辑速度/持续时间"对话框，将持续时间设置为00:00:04:00，如图3-16所示。

图 3-15　导入图片素材

图 3-16　设置图片素材停留时间

（5）单击"确定"按钮关闭对话框。使用相同的方法将其他素材拖曳至 V1 轨道中，将其开头处与之前素材的结尾处对齐，并设置持续时间为 00:00:04:00，如图 3-17 所示。

图 3-17　拖曳素材图片到时间轴

（6）单击"效果"面板，展开"视频过渡"选项组。在"视频过渡"选项组中，选择"立方体旋转"过渡特效，如图 3-18 所示。将其拖曳至素材图片相交的位置，然后使用同样的方法，为其他素材图片添加过渡特效，完成后的效果如图 3-19 所示。

图 3-18　选择视频过渡特效

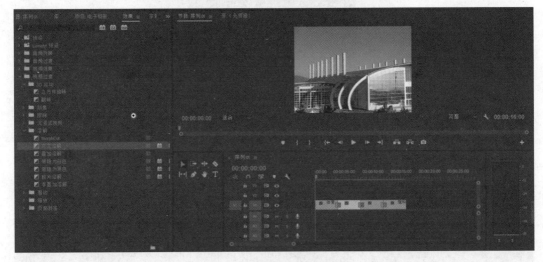

图 3-19　视频过渡最终效果

（7）给电子相册添加字幕。执行"文件"|"新建"|"旧版标题"命令，在弹出的对话框中保持默认设置，单击"确定"按钮，新建"字幕 01"，并打开其编辑界面，如图 3-20 所示。

（8）选择字幕工具面板中的"文字工具"并输入文字"最美校园"，字幕样式设置为 Arial Black blue gradient。将"字幕 01"拖曳至 V2 轨道中，再设置持续时间为 00:00:04:00。用同样的方法设计"字幕 02"，文字为"谢谢欣赏"，字体为"华文琥珀"，字幕样式为 Arial Black Gold，并拖曳至 V1 轨道中，与最后一张图片结尾处对齐，再设置持续时间为 00:00:04:00。

（9）使用和之前相同的方法，将"翻页"特效拖曳至"理科楼.jpg"与"字幕 02"相交的位置，如图 3-21 所示。

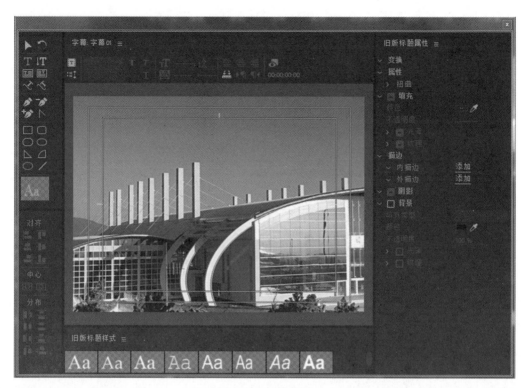

图 3-20 新建字幕

图 3-21 添加字幕和特效

（10）在"项目"面板中导入一个声音素材文件"背景音乐.mp3"，将其拖至"时间轴"面板的 A1 轨道中，使用"剃刀工具" ◆ 使音频素材和视频轨道中的素材首位对齐，这样一个带有音乐和字幕的图、文、声并茂的电子相册就制作完成了，如图 3-22 所示。

图 3-22　电子相册制作完成

（11）执行"文件"|"导出"|"媒体"命令，在弹出的"导出设置"对话框中，将"格式"设置为 H.264（mp4），将"预设"设置为"匹配源-高比特率"，单击"输出名称"右侧的文字，在弹出的对话框中设置存储路径，并设置"文件名"为"电子相册"，单击"保存"按钮。返回"导出设置"对话框，单击"导出"按钮即可将影片导出，如图 3-23 所示。

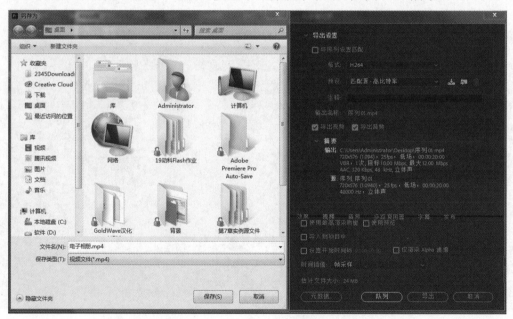

图 3-23　影片导出设置

8. 更改视频素材背景

（1）双击桌面上的 Premiere Pro CC 2018 快捷图标，启动 Premiere Pro CC 2018 软件，新建项目文件，为其命名并选择保存路径，然后单击"确定"按钮创建一个名为"换背景"的空白项目文档。

（2）执行"文件"|"新建"|"序列"命令，在弹出的对话框中保持默认设置。

（3）单击"确定"按钮，进入 Premiere Pro CC 2018 的工作界面，在"项目"面板"名称"选项组的空白处右击，在弹出的快捷菜单中选择"导入"选项或按 Ctrl+I 快捷键，打开"导入"对话框，在该对话框中选择需要导入的视频文件"绿屏素材.mp4"和"美丽校园.mp4"。

（4）在"项目"面板中双击"美丽校园.mp4"视频文件，将其导入"源"监视器。

（5）在"源"监视器中，设置时间为 00:00:00:00，单击 按钮设置入点。然后将时间设置为 00:00:30:00，单击 按钮设置出点，对视频进行剪切。

（6）设置好视频素材的入点和出点之后，在"源"监视器中单击"插入"按钮 ，将剪切之后的"校园生活.mp4"视频文件插入"时间轴"面板，默认放置在 V1 轨道中，如图 3-24 所示。

图 3-24　将剪辑好的素材插入"时间轴"面板

（7）选中素材并右击，在弹出的快捷菜单中选择"取消链接"选项，如图 3-25 所示，使视频素材的声音和影像分离。选中声音轨道，按 Delete 键删除视频素材里的背景声。

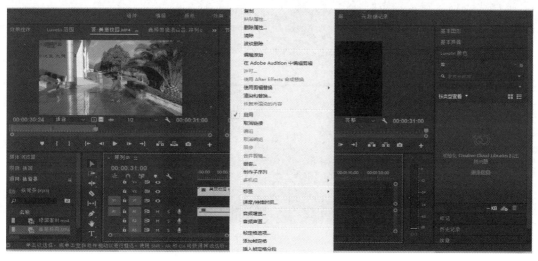

图 3-25　素材视频声音和影像轨道分离

（8）选中"项目"面板中的"绿屏素材.mp4"，拖放到"时间轴"面板的 V2 轨道中。

（9）选中 V1 轨道中的素材文件，激活"效果"选项，选择"键控"|"超级键"选项，如图 3-26 所示，将该效果拖放到 V2 轨道中的"绿屏素材.mp4"上。

图 3-26　"超级键"效果

（10）打开"效果控件"面板，单击"*fx* 超级键"折叠按钮，使用"吸管工具"，选中"绿屏素材.mp4"里的绿色部分，这个时候就会看到"绿屏素材.mp4"里的绿色部分被抠除，留下素材的主体部分，如图 3-27 所示。如果抠除不完全，可以调整"遮罩生成"下的"容差值"大小，直到满意为止。最终效果如图 3-28 所示。

图 3-27　使用"吸管工具"抠色

图 3-28 抠图效果

（11）双击被抠除背景颜色的主体，适当修改大小。用"剃刀工具"进行必要的裁剪。这时"绿屏素材.mp4"文件的背景被完美换掉，如图 3-29 所示。

图 3-29 更换背景最终效果

9. 知识巩固

根据以上内容，打开自己准备的素材文件，设计制作对应知识点的具有自己个性元素的作品。

实验二　Premiere Pro CC 2018 视频编辑综合应用

一、实验目的

1. 掌握视频字幕制作的步骤及方法
2. 掌握视频特效的创建和编辑方法
3. 掌握为素材创建关键帧及编辑的方法
4. 掌握序列文件的应用及编辑方法
5. 熟悉效果的使用及编辑方法

二、实验内容

使用 Premiere Pro CC 2018 制作一个校园宣传片

三、实验要求及步骤

要完成一个完整宣传片的制作，一般包括准备素材、制作字幕、设计作品、作品的测试和输出等步骤，具体操作如下。

1. 导入素材

（1）双击桌面上的 Premiere Pro CC 2018 图标，启动软件。执行"文件"|"新建"|"项目"命令，弹出"新建项目"对话框，在该对话框中将"名称"设置为"美丽校园宣传片"，在"位置"下拉列表框中指定存储位置（如 D:），其他均为默认设置，如图 3-30 所示。

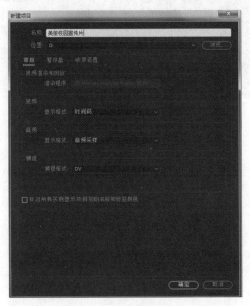

图 3-30　"新建项目"对话框

（2）右击"项目"面板，在弹出的快捷菜单中选择"导入"选项，在弹出的对话框中选择"mlxy01"素材文件夹。

（3）单击"导入文件夹"按钮，即可将选择的文件夹导入"项目"面板中，如图 3-31 所示。

2. 创建字幕

（1）执行"文件"|"新建"|"旧版标题"命令，在弹出的对话框中将"宽度"和"高度"设置为 720、576，将"时基"设置为 25.00fps，将"像素长宽比"设置为 D1/DV PAL（1.0940），将"名称"设置为"字幕 01"，如图 3-32 所示。

图 3-31　导入素材文件夹　　　　　　图 3-32　"新建字幕"对话框

（2）在"字幕"面板中单击并输入文字"山水中的大学　大学中的山水"，使用"选择工具"选中输入的文字，在"属性"选项组中将"字体系列"设置为"华文琥珀"，将"字体大小"设置为 60，将"行距"设置为 60，标题样式选择 Arial Black blue gradient，如图 3-33 所示。

（3）设置完成后，再次打开"新建字幕"对话框，将"名称"设置为"线"，单击"确定"按钮。在弹出的字幕编辑器中选择"椭圆工具"，在"字幕"面板中绘制一个椭圆。选中绘制的椭圆，在字幕属性面板中将"宽度"和"高度"分别设置为 651.2 和 32.8，将填充颜色设置为白色，用"选择工具"拖放到适当位置。选中该椭圆，按 Ctrl+C 快捷键进行复制，按 Ctrl+V 快捷键进行粘贴，并在"字幕"面板中调整其位置，按住 Shift 键同时选中两个椭圆，然后按 Ctrl+T 快捷键，使两个椭圆组合为一个整体，如图 3-34 所示。

（4）再次打开"新建字幕"对话框，将"名称"设置为"全景校园"，单击"确定"按钮，进入字幕编辑器。选择"椭圆工具"，在"字幕"面板中绘制正圆，在字幕属性面板中将"宽度"和"高度"均设为 102.4，将"X 位置"和"Y 位置"设为 316.4 和 205.6，将"填充"下

"颜色"的 RGB 值设为 0、162、255。选择"文字工具",在"字幕"面板中输入文本,将"字体系列"设为"华文行楷",将"字体大小"设为 40,将"填充"下的"颜色"设为白色,将"X 位置"和"Y 位置"设为 300.0 和 205.0,单击"基于当前字幕新建"按钮 ,在弹出的"新建字幕"对话框中将字幕命名为"全景校园",单击"确定"按钮,如图 3-35 所示。

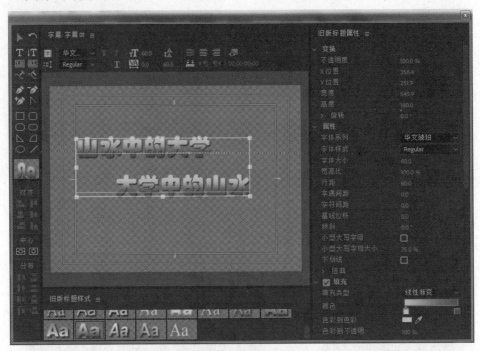

图 3-33 字幕编辑器

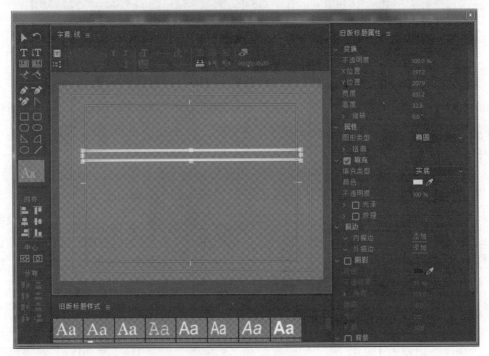

图 3-34 制作"线条"

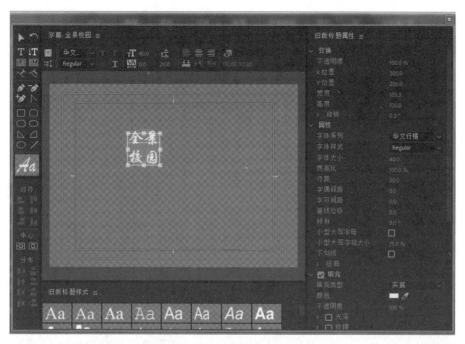

图 3-35　基于当前字幕新建字幕

使用同样的方法，制作"天鹅湖""理工科楼""樱花大道"字幕，注意更改正圆形的颜色和大小，以及文字的内容和大小。

（5）将字幕编辑器关闭，再次打开"新建字幕"对话框，将"名称"设置为"欢迎词"，单击"确定"按钮。在字幕编辑器中选择"文字工具"，在"字幕"面板中单击并输入文字，选中输入的文字"美丽校园欢迎您"，在"属性"选项组中将"字体系列"设置为"华文隶书"，将"字体大小"设置为 80，标题样式选择 Arial Black yellow orange gradient，如图 3-36 所示。

图 3-36　利用标题样式制作字幕（1）

（6）使用同样的方法制作其他字幕："开始"和"知识殿堂"，并进行相应的设置，效果如图 3-37 和图 3-38 所示。

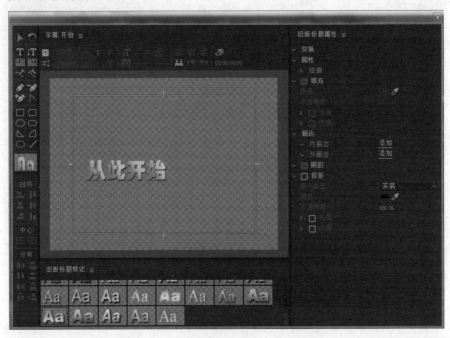

图 3-37　利用标题样式制作字幕（2）

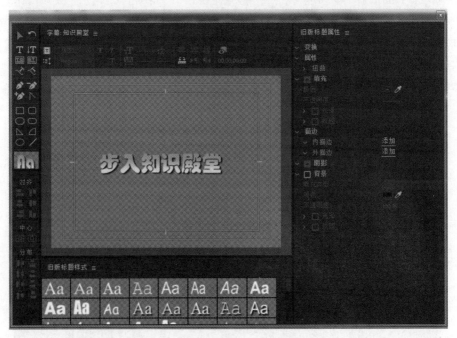

图 3-38　利用标题样式制作字幕（3）

3. 制作美丽校园宣传片

（1）执行"文件"|"新建"|"序列"命令，在弹出的对话框中选择 DV-PAL 文件夹中的"标准 48kHz"，将"序列名称"设置为"序列美丽校园"。再在该对话框中选择"轨道"选项

卡，将"视频"设置为"8轨道"，如图3-39所示。

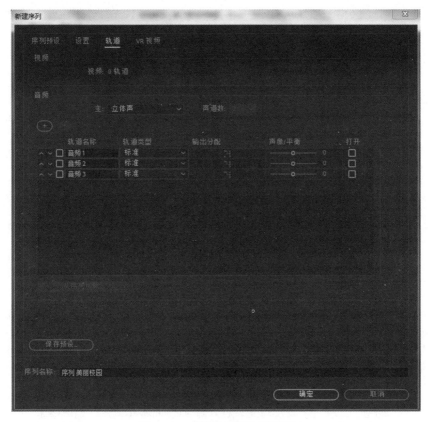

图3-39 "新建序列"对话框

（2）设置完成后，单击"确定"按钮，在"项目"面板中选择"线"，按住鼠标左键将其拖曳至"序列"面板的V1轨道中，在"序列"面板中选择该素材文件，右击，在弹出的快捷菜单中选择"速度/持续时间"选项，在弹出的对话框中将"持续时间"设置为00:00:05:00。

（3）设置完成后，单击"确定"按钮。继续选中该对象，在"效果控件"面板中将"位置"设置为360、289，如图3-40所示。

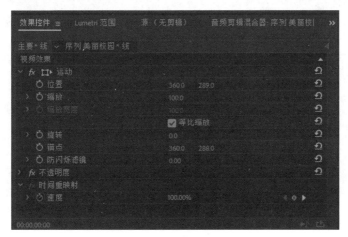

图3-40 "效果控件"面板

（4）切换至"效果"面板，在该面板中选择"视频过渡"|"页面剥落"|"翻页"效果。按住鼠标左键将其拖曳至"线"的开始位置，选中添加的效果，在"效果控件"面板中单击"自西南向东北"按钮，将"持续时间"设置为00:00:01:00，如图3-41所示。

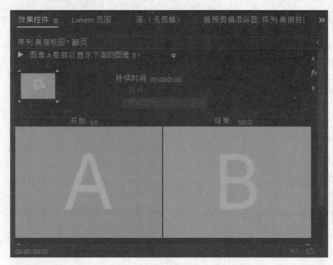

图 3-41 效果控件里的运动按钮

（5）使用同样的方法在V2轨道中添加"线"素材文件，将"位置"设置为360、397，并为其添加"翻页"效果。

（6）在"项目"面板中选择"字幕01"，按住鼠标左键将其拖曳至V3轨道中，在"效果控件"面板中将"位置"设置为427、360。在"序列"面板中选择"字幕01"，右击，在弹出的快捷菜单中选择"速度/持续时间"选项，在弹出的对话框中将"持续时间"设置为00:00:03:00，设置完成后，单击"确定"按钮。在"效果"面板中选择"视频过渡"|"溶解"|"交叉溶解"效果，按住鼠标左键将其拖曳至"字幕01"的开始处，选中添加的效果，在"效果控件"面板中将"持续时间"设置为00:00:01:00，如图3-42所示。

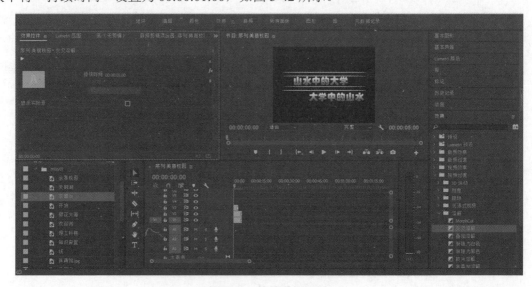

图 3-42 持续时间设置

（7）在"项目"面板中选择"学海飞帆.jpg"，将其添加至 V4 轨道中。选中该素材文件，右击，在弹出的快捷菜单中选择"速度/持续时间"选项，在打开的对话框中将"持续时间"设置为 00:00:05:00，设置完成后，单击"确定"按钮。在"效果控件"面板中单击"位置"左侧的"切换动画"按钮  和"缩放"左侧的"切换动画"按钮 ，设置必要的关键帧位置和缩放比例大小，如图 3-43 所示。

图 3-43　关键帧设置

（8）使用同样的方法把"校园全景.jpg""天鹅湖雪景.jpg""樱花大道.jpg"3 张图片放到 V4、V5、V6 轨道上，将"持续时间"全部设置为 00:00:05:00。选中对应的图片，在"视频过渡"中选择对应的视频过渡效果放到图片上。

（9）将对应的"全景校园"字幕、"天鹅湖"字幕和"樱花大道"字幕拖放至"序列"面板的 V5、V6 和 V7 轨道中，与图片时间线对齐。设置"全景校园"字幕、"天鹅湖"字幕和"樱花大道"字幕位置为 200、600。单击"不透明度"按钮 ，打开动画关键帧的记录，将 3 个字幕文件的起始"不透明度"设为 0，结束位置"不透明度"设为 100。

（10）将"线"素材、"欢迎词"字幕、"开始"字幕和"知识殿堂"字幕拖放到 V4、V5、V6 和 V7 轨道上，起始时间为 00:00:25:00，将"持续时间"全部设置为 00:00:05:00，"视频过渡"效果全部选择"交叉溶解"，持续时间为 00:00:01:00，如图 3-44 所示，作为作品的结束字幕。

4. 添加音频后输出视频

制作完校园宣传片后，需要添加音乐并进行输出，具体操作如下。

（1）在"序列"面板中将当前时间设置为 00:00:00:00，在音频轨道中添加"音频.mp3"，并将其开始位置与时间线对齐，将"持续时间"设置为 00:00:30:00。

（2）执行"文件"|"导出"|"媒体"命令或按 Ctrl+M 快捷键，打开"导出设置"对话框，在该对话框中将"格式"设置为 H.264（MP4），单击"输出名称"右侧的蓝色文字，在

弹出的对话框中指定存储路径，并进行重命名，单击"导出"按钮即可完成作品的输出，如图 3-45 所示。

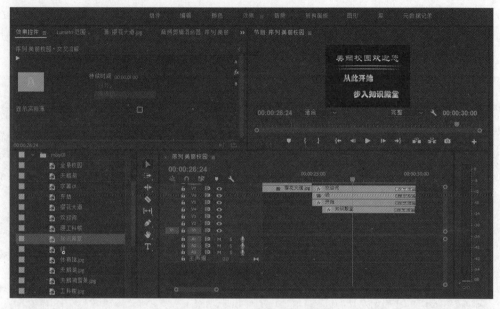

图 3-44   作品结束字幕的设置

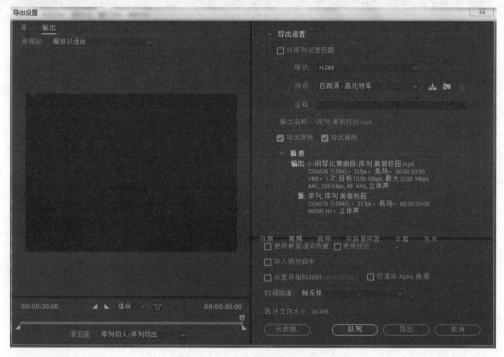

图 3-45   "导出设置"对话框

5. 知识巩固

根据以上内容，打开自己准备的素材文件，设计制作对应知识点的具有自己个性元素的作品。

第四单元

动画制作技术

实验一　Animate CC 2018 的工作界面及基本工具的使用

一、实验目的

1. 掌握新建、打开、保存 Animate CC 2018 文件的方法
2. 掌握对 Animate CC 2018 文件属性进行修改的方法
3. 认识 Animate CC 2018 的工作界面
4. 熟悉 Animate CC 2018 工具栏中各种工具的使用方法，会制作各种效果的文字，掌握基本图形的绘制方法

二、实验内容

1. 创建 Animate CC 2018 文档，打开、保存动画文件
2. 使用 Animate CC 2018 的辅助工具
3. 制作各种效果的文字，绘制基本图形

三、实验要求及步骤

1. 创建文档

创建一个 Animate CC 2018 文档，要求窗口大小为 800 像素×600 像素，舞台背景为白色。

（1）双击桌面上的 Animate CC 2018 快捷图标，启动 Animate CC 2018。

（2）执行"文件"|"新建"命令，弹出如图 4-1 所示的"新建文档"对话框。

（3）在"常规"选项卡的"类型"列表中选择要创建的文件类型和模板。本例选择 ActionScript 3.0，即创建一个脚本语言为 ActionScript 3.0 的 FLA 文档。

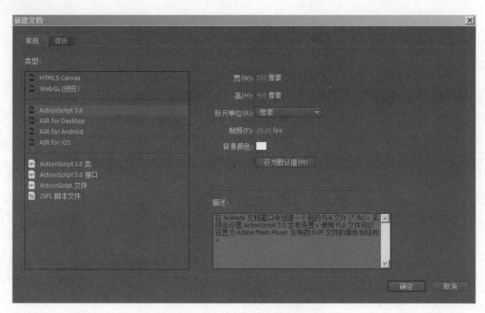

图 4-1 "新建文档"对话框

（4）在"新建文档"对话框右侧区域可以设置文档属性，包括设置文档舞台窗口的大小、帧频和背景颜色等。本例设置的舞台大小为 800 像素×600 像素，帧频为 24 帧/秒，舞台背景为默认白色。

（5）单击"确定"按钮关闭对话框，即可创建一个空白的 FLA 文档，如图 4-2 所示。

图 4-2 新建的 FLA 文档

知识扩展

在 Animate CC 2018"新建文档"的"常规"选项卡中，可以看到除了可以创建 ActionScript

3.0 的 FLA 文档，还可以创建其他各种类型的文档，其中常用类型的具体含义如下。

➤ HTML5 Canvas：新建一个空白的 FLA 文件，其发布设置已经过修改，以便生成 HTML5 输出。使用这种类型的文档时，有些功能和工具是不支持的。

➤ ActionScript 3.0：创建一个脚本语言为 ActionScript 3.0 的 FLA 文档。

➤ AIR 系列：创建可以运行于桌面和移动设备（Android 和 iOS 系统）的 AIR 应用程序。

➤ ActionScript 3.0 类：新建一个后缀为.as 的文本文件。与 ActionScript 3.0 的不同之处在于，选择该选项时，可快速生成一个用于定义类的基本模板。

➤ ActionScript 3.0 接口：与"ActionScript 3.0 类"相似，不同的是，选择该选项可生成一个定义方法声明的基本模板。

➤ ActionScript 文件：创建一个后缀为.as 的空白文本文件。

➤ JSFL 脚本文件：创建一个用于扩展 Flash IDE 的 JavaScript 脚本文件。

2. 保存动画文件

在 Animate CC 2018 中，可以根据需要选择不同的保存方法。

执行"文件"|"保存"命令，在弹出的对话框中选择存放文件的位置，然后在"文件名"文本框中输入文件名，本例文件名为"美丽校园"。单击"保存"按钮，即可保存文档并关闭对话框。如果要将当前编辑的页面以另外一个路径或另一个文件名保存，则执行"文件"|"另存为"命令，如图 4-3 所示。

图 4-3　"另存为"对话框

3. 保存打开的所有页面

执行"文件"|"全部保存"命令，即可保存打开的所有页面。

4. 以模板形式保存

执行"文件"|"另存为模板"命令，弹出如图 4-4 所示的"另存为模板警告"对话框，提示该操作将清除 SWF 历史记录数据。单击"另存为模板"按钮，弹出如图 4-5 所示的"另存为模板"对话框。

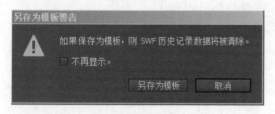

图 4-4 "另存为模板警告"对话框

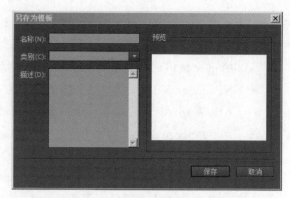

图 4-5 "另存为模板"对话框

在"名称"文本框中输入模板名称,在"类别"下拉列表框中选择模板类型,然后单击"保存"按钮。创建模板文件后,在"新建文档"对话框的"模板"选项卡中可以看到创建的模板文件。

5. 打开、导入 Animate 文件

在 Animate CC 2018 中,想要查看或编辑已创建的 Animate CC 2018 文件,可以打开该文件;如果要将外部资源应用到 Animate CC 2018 中,可以使用导入操作。

1)打开 Animate 文件

(1)执行"文件"|"打开"命令,弹出"打开"对话框。

(2)在"查找范围"下拉列表框中找到需要打开的文件,然后双击该文件,或直接单击"打开"对话框中的"打开"按钮,即可打开选中的文件。

2)导入外部文件

在 Animate CC 2018 中,可以根据需求,在设计作品的过程中导入声音、图片、视频等多种类型的外部文件。

执行"文件"|"导入"命令,选择其中的一个子命令,如图 4-6 所示,即可执行相应操作。各子命令的说明如下。

➤ 导入到舞台:将文件直接导入当前文档中。

➤ 导入到库:将文件导入当前 Animate 文档的库中。

➤ 打开外部库:将其他的 Animate 文档作为库打开。

➤ 导入视频:将视频剪辑导入当前文档中。

知识扩展

在 Animate CC 2018 中,如果导入的文件名以数字结尾,并且在同一文件夹中还有其他按顺序编号的文件,如 DL001.gif、DL002.gif、DL003.gif,则 Animate 会弹出一个对话框,询问是否要导入连续文件。单击"是"按钮,则导入所有的连续文件;否则只导入当前指定的文件。

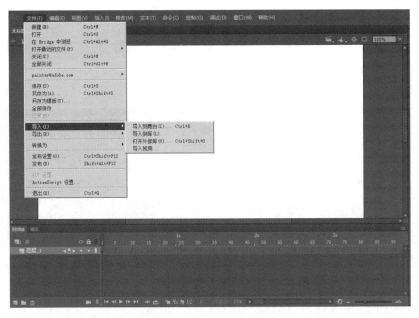

图 4-6　导入外部文件菜单

6. 设置标尺、网格和辅助线

在 Animate CC 2018 中，为了更好地进行创作，时常需要使用辅助工具，如显示工作区标尺、网格和辅助线。这些辅助工具不会导入最终文件，仅在 Animate CC 2018 的编辑环境中可见，主要目的是精确定位对象在舞台中的位置。

1）设置标尺

使用标尺可以很方便地布局对象，并能了解编辑对象在舞台中的位置。

执行"视图"|"标尺"命令，舞台工作区的左沿和上沿将显示标尺，如图 4-7 所示。再次执行该命令可以隐藏标尺。

图 4-7　显示标尺

2）设置网格

Animate CC 2018 中的网格用于精确地对齐、缩放和放置对象。它不会导出到最终影片中，仅在 Animate CC 2018 的编辑环境中可见。

执行"视图"|"网格"|"显示网格"命令，即可在舞台上显示网格，如图 4-8 所示。

图 4-8　显示网格

默认的网格颜色为浅灰色，大小为 10 像素×10 像素。如果网格的大小或颜色不合适，可以通过执行"视图"|"网格"|"编辑网格"命令，在弹出的"网格"对话框中修改网格属性。

3）设置辅助线

Animate CC 2018 中，在显示标尺时，可以将水平辅助线和垂直辅助线拖动到舞台上，借助辅助线达到更加精确地排列图像、标记图像的重要区域等目的。常用的辅助线操作有添加、移动、锁定、删除和对齐等。

（1）添加辅助线：将鼠标指针移到水平标尺上，按住鼠标左键向下拖动，此时的鼠标指针变为，拖动到文档中合适的位置释放，即可添加一条水平方向的辅助线。用同样的方法可以添加一条垂直方向的辅助线，如图 4-9 所示。

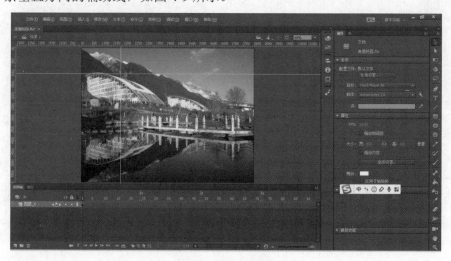

图 4-9　添加辅助线

（2）移动辅助线：如果需要移动辅助线的位置，可以单击绘图工具箱中的"选择工具"按钮，然后将鼠标指针移到辅助线上，当鼠标指针变成时，按下鼠标左键并拖动辅助线，此时辅助线的目标位置变为黑色，释放鼠标即可改变辅助线的位置。

（3）锁定辅助线：编辑图像时，如果不希望已经定位好的辅助线被随便移动，可以将其锁定。执行"视图"|"辅助线"|"锁定辅助线"命令，即可锁定辅助线，锁定后的辅助线不能被移动。再次执行"视图"|"辅助线"|"锁定辅助线"命令，即可解除对辅助线的锁定。

（4）删除辅助线：如果想删除不需要的辅助线，只需将其拖动到标尺上即可。执行"视图"|"辅助线"|"清除辅助线"命令，可以一次性清除工作区中的所有辅助线。执行"视图"|"辅助线"|"显示辅助线"命令，则可以显示或隐藏辅助线。

（5）对齐辅助线：使用辅助线的吸附功能可以很方便地对齐多个对象。执行"视图"|"贴紧"|"贴紧至辅助线"命令，在文档中创建或移动对象时，就会自动对齐距离最近的辅助线。再次执行该命令，即可取消辅助线的吸附功能。

7. 常用工具的使用

关于"文本工具"的使用，下面以制作透视字、五彩字和波动字为例进行介绍。

1）透视字的制作

（1）新建一个 Animate CC 2018 文档（ActionScript 3.0），执行"文件"|"导入"|"导入到舞台"命令，导入一幅背景图。

（2）选中导入的图片，执行"窗口"|"信息"命令，打开"信息"面板，将图片尺寸修改为与舞台尺寸相同，且坐标为（0，0），效果如图 4-10 所示。

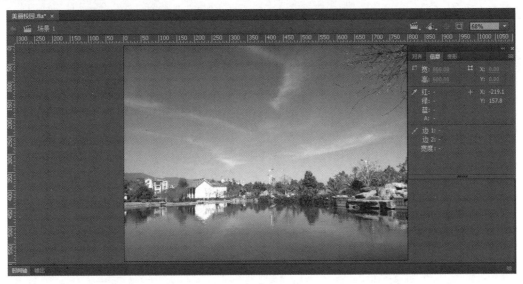

图 4-10　导入图片

（3）单击"时间轴"面板左下角的"新建图层"按钮，新建一个图层，然后在工具箱中选择"文本工具"，在"属性"面板中设置文字"系列"为"华文彩云"，"颜色"为黄色，"大小"为 100 磅，"字母间距"为 25，然后在舞台上单击，输入"美丽校园"，效果如图 4-11 所示。

图 4-11   输入文字"美丽校园"

（4）选中文本，连续执行两次"修改"|"分离"命令，将文本打散。然后执行"修改"|
"变形"|"扭曲"命令，用鼠标调整文本位置及形态，效果如图 4-12 所示。

图 4-12   打散文字并变形

（5）选中文本，执行"编辑"|"复制"和"编辑"|"粘贴到当前位置"命令，复制并粘
贴文本，然后选中粘贴的文本，执行"修改"|"变形"|"垂直翻转"命令，翻转文本，并使
用键盘上的方向键向下移动文本。

（6）选中翻转后的文本，执行"修改"|"变形"|"扭曲"命令，将文本进行适当角度的旋转和扭曲，效果如图 4-13 所示。

图 4-13　编辑翻转文字

（7）打开"属性"面板，设置文本的填充颜色为黄色，且 Alpha 值为 40%，得到最终效果，如图 4-14 所示。

图 4-14　透视字最终效果图

2）五彩字、波动字的制作

（1）制作五彩字。

新建一个 Animate CC 2018 文档（ActionScript 3.0），在舞台中用"文本工具"输入文字"美丽校园"并分离两次，将其打散。选择"油漆桶工具"，设置填充色为"线性渐变"，编辑好所需颜色，用"油漆桶工具"在文字笔画上单击填色，做好一种效果；选中文字，用"油漆桶工具"在文字笔画上拖曳，起始点在文字笔画上，即做好另一种文字效果，如图 4-15 所示。

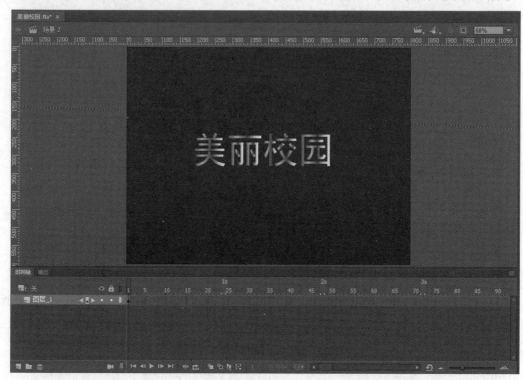

图 4-15　五彩字效果

（2）制作波动字。

新建一个 Animate CC 2018 文档（ActionScript 3.0），用"文本工具"输入文字"美丽校园"，分离两次，然后选择"任意变形工具"，单击"封套按钮" ，调节文字效果，制作波动字，如图 4-16 所示。

8. 绘制矢量风景画

利用各种绘图工具可绘制基本图形，下面绘制一幅矢量风景画。

1）设计舞台背景

（1）新建一个 Animate CC 2018 文档。选择"矩形工具"，设置笔触颜色为无，在舞台上绘制一个矩形。选中矩形，打开"信息"面板，修改矩形尺寸，且与舞台左上角对齐（X 轴坐标为 0，Y 轴坐标为 0），如图 4-17 所示。

（2）选中矩形的填充区域，打开"颜色"面板，设置填充颜色类型为"线性渐变"，两个颜色游标从左至右分别为蓝色和白色渐变。

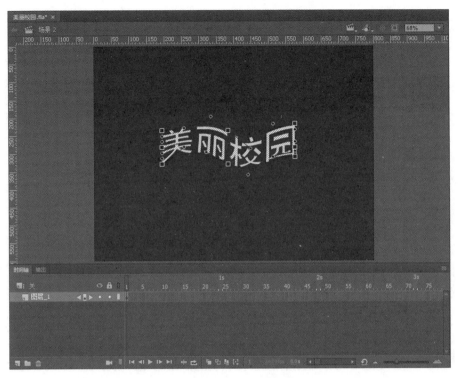

图 4-16　波动字效果

（3）选择"渐变变形工具"，单击矩形的填充区域，调整填充的渐变方向。

（4）选择"矩形工具"，设置笔触颜色和填充色为绿色，在舞台下沿绘制一个矩形，得到一个蓝天下面为绿草地的舞台背景，如图 4-18 所示。

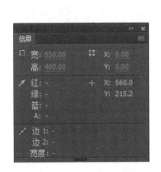

图 4-17　"信息"面板

图 4-18　蓝天和绿草地舞台背景

2）绘制白云

（1）在"图层"面板左下角单击"新建图层"按钮，新建一个图层。使用"钢笔工具"绘制如图 4-19 所示的云朵图形，绘制完后按住 Ctrl 键对轮廓进行必要的调整，也可以使用"铅笔工具"或"笔刷工具"绘制白云轮廓。

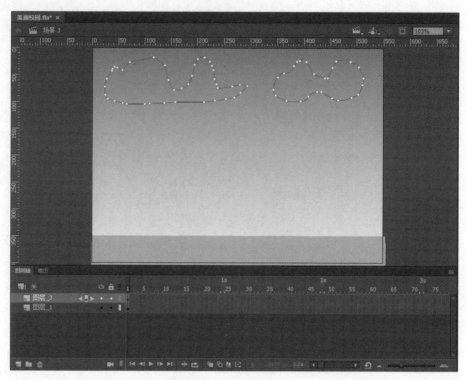

图 4-19　绘制白云轮廓

（2）使用"颜料桶工具"填充云朵图形，填充颜色选择白色。使用"选择工具"选中云朵的轮廓线，按 Delete 键即可得到如图 4-20 所示的白云图形。

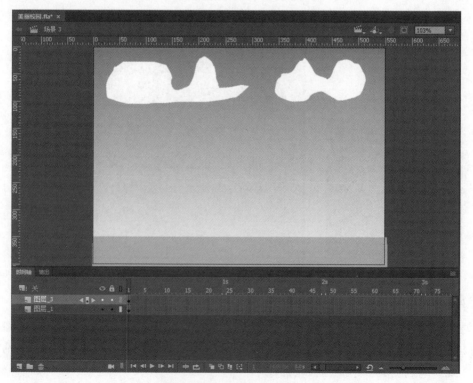

图 4-20　绘制白云效果图

3）绘制大树

在"图层"面板左下角单击"新建图层"按钮，新建一个图层，利用"直线工具"绘制一棵树的树干，笔触颜色选择深褐色，填充色为褐色，笔触大小为1像素，用"铅笔工具"绘制树的叶子，铅笔模式选择平滑，笔触为黑色，填充色为绿色，笔触大小为1像素，填充空隙选择封闭小空隙，得到如图4-21所示的效果图。

4）绘制花朵

（1）在"图层"面板左下角单击"新建图层"按钮，新建一个图层，用"矩形工具"下的"圆形工具"绘制一个圆形（第一个花瓣），用粉色和白色的线性渐变填充，笔触大小为1像素，类型为实线，颜色为粉色。

（2）用"选择工具"双击画好的第一个花瓣，执行"窗口"|"对齐"命令，旋转45°。多次复制并应用"变形工具"适当变形，即可得到一支花朵。再利用"矩形工具"下的"圆形工具"绘制一个圆形作为花心，填充选择纯色黄色填充，笔触大小为1像素，类型为实线，颜色为黄色。最后，利用"矩形工具"画出花茎，利用"选择工具"选中花茎边缘进行必要的调整。利用"铅笔工具"画出叶子，铅笔模式选择平滑，笔触为黑色，填充色为绿色，笔触大小为1像素。最终得到如图4-22所示的矢量风景画。

图4-21 绘制大树效果图

图4-22 矢量风景画最终效果图

9. 知识巩固

根据以上内容，打开自己准备的素材文件，设计制作对应知识点的具有自己个性元素的作品。

实验二　Animate CC 2018 动画制作基础操作练习

一、实验目的

1. 掌握 Animate CC 2018 中帧的操作方法
2. 掌握 Animate CC 2018 中图层的操作方法
3. 掌握 Animate CC 2018 中各种元件及元件库的创建和操作方法
4. 熟悉 Animate CC 2018 场景的应用
5. 熟悉 Animate CC 2018 滤镜和混合模式的应用

二、实验内容

1. Animate CC 2018 帧、图层、各种元件、元件库、场景的创建和操作
2. Animate CC 2018 滤镜和混合模式的应用

三、实验要求及步骤

用 Animate CC 2018 制作动画的原理是在动画最小时间里连续显示数十张乃至数百张静态图片，使得图片中的物体看起来在运动。各个静止的图片称为帧，帧代表时刻，不同的帧就是不同的时刻，动画制作实际上就是改变连续帧的内容的过程。

1. 帧的操作

Animate CC 2018 的"时间轴"面板如图 4-23 所示。在其中插入帧、关键帧和空白关键帧以及对帧进行各种操作都可以通过鼠标、菜单和快捷键完成。

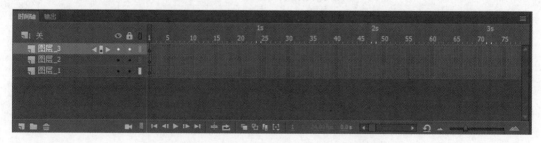

图 4-23　Animate CC 2018"时间轴"面板

1）插入普通帧

（1）在时间轴上需要创建帧的位置右击，在弹出的快捷菜单中选择"插入帧"选项，将会在当前位置插入一帧，如图 4-24 所示。

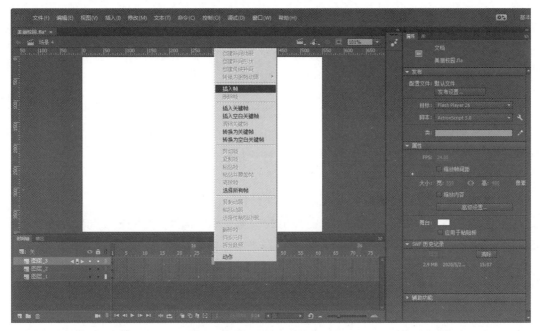

图 4-24 "插入帧"命令

（2）选择需要创建帧的位置，执行"插入"|"时间轴"|"帧"命令。

（3）在时间轴上选择需要创建帧的位置，按 F5 键。

2）插入关键帧

（1）在时间轴上需要创建帧的位置右击，在弹出的快捷菜单中选择"插入关键帧"选项，将会在当前位置插入一帧。

（2）选择需要创建帧的位置，执行"插入"|"时间轴"|"关键帧"命令。

（3）在时间轴上选择需要创建帧的位置，按 F6 键。

3）插入空白关键帧

（1）在时间轴上需要创建帧的位置右击，在弹出的快捷菜单中选择"插入空白关键帧"命令，将会在当前位置插入一帧。

（2）选择需要创建帧的位置，执行"插入"|"时间轴"|"空白关键帧"命令。

（3）在时间轴上选择需要创建帧的位置，按 F7 键。

4）选择帧

（1）需选择单个帧时，单击需选择的帧即可。

（2）需选择多个不相邻的帧时，按住 Ctrl 键，同时逐个单击其他需选择的帧。

（3）需选择多个相邻的帧时，按住 Shift 键，同时单击选择范围的始帧和末帧。

（4）需选择时间范围内所有的帧时，执行"编辑"|"时间轴"|"选择所有帧"命令即可。

5）删除帧

（1）在需要删除的帧上右击，在弹出的快捷菜单中选择"删除帧"选项，当前帧将会被删除。

（2）在需要删除的帧上右击，在弹出的快捷菜单中选择"清除帧"选项，当前帧将会变为空白关键帧。

（3）选中需删除的帧，然后执行"编辑"|"时间轴"|"删除帧"选项，当前帧将会被删除。

6）移动帧

（1）将关键帧或者序列拖到所需移动的位置即可移动帧。

（2）在需要移动的关键帧上右击，在弹出的快捷菜单中选择"剪切帧"选项；然后在所需移动的目标位置右击，在弹出的快捷菜单中选择"粘贴帧"选项。

7）复制帧

（1）按住 Alt 键，将需要复制的关键帧拖动到目标位置。

（2）在需要移动的关键帧上右击，在弹出的快捷菜单中选择"复制帧"选项；然后在所需移动的目标位置右击，在弹出的快捷菜单中选择"粘贴帧"选项。

8）翻转帧

选择需要翻转的帧序列，右击，在弹出的快捷菜单中选择"翻转帧"选项。

9）设置帧频

执行"修改"|"文档"命令，弹出"文档设置"对话框，在"帧频"文本框中输入所需设定的帧频，单击"确定"按钮。

2. 图层的操作

Animate CC 2018 的图层可以理解为摆放在舞台上的一系列透明的"画布"，在"画布"上可以随意摆放想要的内容，这些内容之间是相互独立的。每个层的显示方式与其他层的关系非常重要，这是因为各层中的对象是叠加在一起的，最上面的层是影片的前景，最下面的层是影片的背景，被遮挡住的部分不可见。

1）图层模式

图层有如下 4 种模式，不同模式的图层以不同的方式工作。在图层名称栏上的适当位置单击，可以随时改变图层的模式。

（1）当前层模式：当前层的名称栏上显示左右控件◄■►，在任何时候，只能有一个图层处于这种模式，这一层就是当前操作的层。

（2）隐藏模式：隐藏图层的名称栏上显示一个✖图标，要集中处理舞台上的某一部分时，隐藏一层或多层中的某些内容很有用。单击指定图层上"显示"图标👁对应的位置，即可隐藏或显示图层。

（3）锁定模式：锁定图层的名称栏上显示一个🔒图标，图层被锁定后，可以看见该层上的内容，但是无法对其进行编辑，通常用于暂时不会对其进行修改或防止被误操作的图层。

（4）轮廓模式：轮廓图层的名称栏上显示彩色方框图标▢，该图层上的内容仅显示轮廓线，轮廓线的颜色由方框的颜色决定。

2）创建图层

创建图层有以下几种方法。

（1）单击图层操作面板左下角的"新建图层"按钮🗏，可创建新图层，如图 4-25 所示。

图 4-25　新建图层

（2）执行"插入"|"时间轴"|"图层"命令。

（3）右击时间轴中的任意一个图层，在弹出的快捷菜单中选择"插入图层"选项。

3）选择图层

（1）需选择单个图层时，单击需选择的图层即可。

（2）需选择多个不相邻的图层时，按住 Ctrl 键，同时单击选择其他图层。

（3）需选择多个相邻的图层时，按住 Shift 键，同时单击选择范围的始图层和末图层。

4）移动图层

选中要移动的图层，按住鼠标左键拖动，此时出现一条横线，然后向上或向下拖动这条横线，当横线到达图层需放置的目标位置时，释放鼠标即可。

5）删除图层

（1）选择需要删除的图层，单击图层操作面板中的"删除图层"按钮，即可删除当前选择的图层及所在对象。

（2）在需要删除的图层上右击，在弹出的快捷菜单中选择"删除图层"选项。

6）重命名图层

（1）双击某个图层，即可对图层名进行编辑。

（2）双击图层名前的按钮，弹出"图层属性"对话框，在"名称"文本框中输入新的图层名，单击"确定"按钮。

7）图层的属性编辑

（1）可编辑状态：单击对应图层名即可切换到可编辑状态。

（2）显示、隐藏图层：单击对应图层的"显示"或"隐藏"按钮即可切换图层的显示、隐藏状态。

（3）锁定、解锁图层：单击对应图层的"锁定"或"解除锁定"按钮即可切换图层的锁定、解锁状态。

3. 元件的创建和操作

Animate CC 2018 中每个元件都有自己的时间轴和图层，元件制作完成后，存放于"库"中。一个形象的比喻是，元件是尚在幕后，还没有走到舞台上的"演员"；元件一旦走上舞台，就成为"实例"，也就是说，实例是元件在舞台上的具体体现。使用元件可以大大缩减文件的体积，加快影片的播放速度，还可以使影片编辑更加简单。

元件的强大功能还体现在可以将一种类型的元件放置于另一种元件中。例如,可以将按钮及图形元件放置于影片剪辑元件中,也可以将影片剪辑元件放置于按钮元件中,甚至可以将一个影片剪辑元件放置于另一个影片剪辑元件中。

Animate CC 2018 中各种元件的创建包括创建图形元件、影片剪辑元件和按钮元件等操作。

1)创建图形元件和影片剪辑元件

(1)执行"插入"|"新建元件"命令或者按 Ctrl+F8 快捷键,打开"创建新元件"对话框(见图4-26),在"名称"文本框中输入元件的名称,在"类型"下拉列表框中选择对应的元件类型,单击"确定"按钮即可创建一个所需元件。

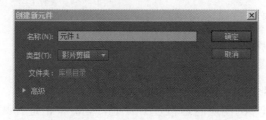

图 4-26　"创建新元件"对话框

(2)执行"窗口"|"库"命令,打开"库"面板,单击左下角的"新建元件"按钮,打开"创建新元件"对话框,后面的操作与步骤(1)方法相同。

2)创建按钮元件

执行"插入"|"新建元件"命令或者按 Ctrl+F8 快捷键,打开"创建新元件"对话框,在"名称"文本框中输入元件的名称,在"类型"下拉列表框中选择"按钮",单击"确定"按钮即可创建一个按钮元件。

Animate CC 2018 中的按钮元件可以响应鼠标事件,用于创建动画的交互控制按钮,如动画中的"开始"按钮、"结束"按钮、"重新播放"按钮等都是按钮元件。按钮元件包括"弹起""指针经过""按下""点击"4 个帧,如图4-27 所示。创建按钮元件的过程实际上就是编辑这4 个帧的过程。

图 4-27　按钮元件对应的帧状态

按钮元件的 4 个状态帧说明如下。

➢ 弹起:鼠标指针不在按钮上的一种状态。

➢ 指针经过:当鼠标指针移动到按钮上的一种状态。

➢ 按下:当鼠标指针移动到按钮上并单击时的状态。

➢ 点击:此状态下的按钮不显示颜色、形状,常用来制作"隐形按钮"效果。

4. 元件库的操作

Animate CC 2018 中的"库"可以理解为保存元件和创作资源的文件夹，其简化了在 Animate CC 2018 文件中查找、组织及使用可用资源的工作流程，如果需要使用某个库项目，直接将其从"库"面板中拖到舞台上即可，十分方便。

库在创建一个新的 Animate CC 2018 文件时就已经存在，但不包含任何元件。如果创建元件或导入外部的素材，这些元件或素材将自动保存并显示在"库"面板中。

执行"窗口"|"库"命令，即可调出"库"面板，如图 4-28 所示。

1）向舞台上添加元件

（1）执行"窗口"|"库"命令或按 F11 键，打开"库"面板。

（2）在"库"面板中选中要添加的元件，并将其拖动到舞台上，即可完成向舞台上添加元件，如图 4-29 所示。

图 4-28　"库"面板

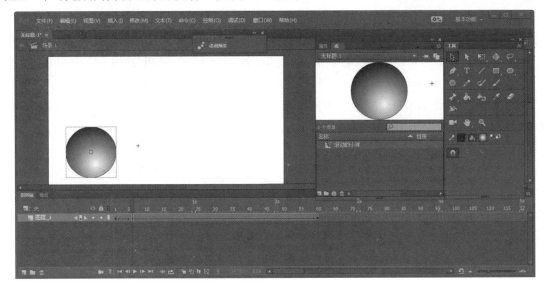

图 4-29　将库中元件拖到舞台

2）重命名元件

右击元件，在弹出的快捷菜单中选择"重命名"选项，当元件的名称在"库"面板中突出显示时，输入新的名称即可重命名元件。另外，双击元件名称并输入新名称也可重命名元件。

3）元件的复制、粘贴、删除、编辑、移至等常用操作

在 Flash 库中，当需要对元件进行各种常用操作时可选中该元件，右击，在弹出的快捷菜单中选择需要操作的选项即可，如图 4-30 所示。

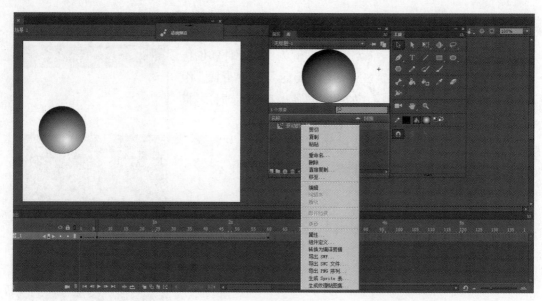

图 4-30　元件的常用操作选项

5. 使用其他文件中的元件

Animate CC 2018 中的每个文件都自带一个库，用于存放自己的元件。Animate CC 2018 还支持导入其他文档中的元件，将元件导入当前项目后，可以像编辑自身的元件一样对其进行操作。由于不同文件中的元件之间没有联系，因此编辑一个元件并不影响其他文件中相同的元件。

（1）打开多个 Animate CC 2018 文件，并将要引用其他文件中元件的文件作为当前文件。

（2）打开"库"面板，在面板顶部的文件列表下拉列表框中选择包含要调用元件的 Animate CC 2018 文件，"库"面板下方将显示打开的 Animate CC 2018 文件中使用的所有元件，如图 4-31 所示。

（3）将库中的元件拖放至当前影片的舞台。调用的元件以初始名称自动添加到当前文件的库项目列表中。如果调用的元件与当前库中的某个元件具有相同的名称，Animate CC 2018 将在调用的元件名称后添加一个数字以示区别。将元件导入当前文件中后，就可以像操作当前文件中的元件一样对其进行操作了。

6. 场景的应用

在 Animate CC 2018 中，一个文件里可以包括一个或多个场景，场景就是动画的画面，也就是用于呈现各种元件动画的一个平台。一个场景可以包含一个舞台，一个舞台可以包含一个或多个关键帧，所有场景共用一个库。

1）场景的创建

在制作动画的过程中，有时根据剧情作品的需要创建一个或多个场景作为背景，创建场景的方法主要有以下两种。

（1）执行"窗口"|"场景"命令，打开"场景"面板，单击"添加场景"按钮■，即可新建一个场景，如图 4-32 所示。

图 4-31 调用库中其他文档中的元件

图 4-32 "场景"面板

（2）执行"插入"|"场景"命令即可插入新的场景，如图 4-33 所示。

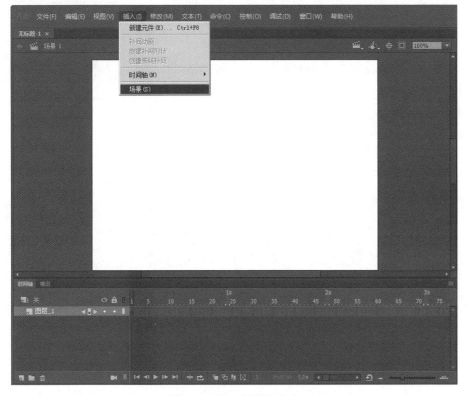

图 4-33 插入场景的命令

2）场景的编辑

执行"窗口"|"场景"命令，打开"场景"面板，可以在该面板中对场景进行编辑。

（1）删除场景：选中要删除的场景，单击"场景"面板中的"删除场景"按钮，即可将其删除。

（2）更改场景名称：在"场景"面板中双击场景名称，然后输入新的名称即可。

（3）复制场景：选中要复制的场景，然后单击"场景"面板中的"直接复制场景"按钮。

（4）更改场景在文档中的播放顺序：在"场景"面板中将场景拖到不同的位置进行排列，即可更改场景的播放顺序。

7. 滤镜和混合模式的应用

在 Animate CC 2018 中，使用滤镜可以为文本、按钮和影片剪辑添加许多常见的视觉效果，更让广大设计者欣喜的是，这些效果还保持着矢量的特性。使用混合模式，可以通过混合两个或两个以上重叠对象的透明度或者颜色，加强图像的层次感，从而创造具有独特效果的复合图像。Animate CC 2018 允许根据需要对滤镜进行编辑或删除不需要的滤镜，或者调整滤镜顺序，以获得不同的组合效果。此外，还可以暂时禁用或者启用、复制和粘贴滤镜。如果修改了已经应用滤镜的对象，应用到对象上的滤镜会自动适应新对象。Animate CC 2018 提供了 7 种滤镜，如图 4-34 所示。

图 4-34　Animate CC 2018 中的滤镜

1）使用滤镜设计一个个性相框

（1）新建一个 Animate CC 2018 文档（ActionScript 3.0），将"图层_1"重命名为"美丽校园"。执行"文件"|"导入"|"导入到舞台"命令，导入一幅风景画，然后使用"任意变形工具"修改图片尺寸。

（2）选中导入的图片，执行"修改"|"转换为元件"命令，将选中对象转换为影片剪辑，如图 4-35 所示。

图 4-35　将图片转换为影片剪辑

（3）在"属性"面板中单击"滤镜"折叠按钮，展开"滤镜"选项组，单击"添加滤镜"

按钮，在弹出的滤镜列表中选择"斜角"选项。然后在对应的参数列表中设置滤镜属性，如图 4-36 所示。应用滤镜后的效果如图 4-37 所示。

图 4-36　"斜角"滤镜参数设置　　　　　　图 4-37　使用"斜角"滤镜后的效果

（4）用同样的方法添加"发光"滤镜，其参数设置如图 4-38 所示。应用滤镜后的效果如图 4-39 所示。

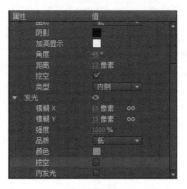

图 4-38　"发光"滤镜参数设置

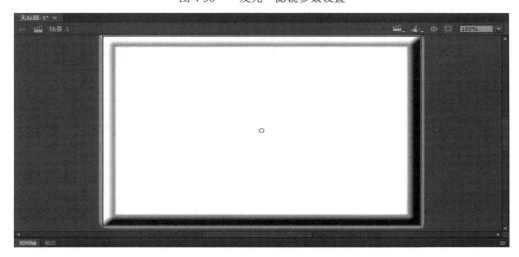

图 4-39　使用"发光"滤镜后的效果

（5）单击"图层"面板左下角的"新建图层"按钮，新建一个图层"图片"。然后将新建图层拖放到"美丽校园"图层下方。

（6）打开"库"面板，在库项目列表中选中影片剪辑，并拖动到舞台上。调整影片剪辑的位置和大小，使其显示在利用滤镜生成的边框中，效果如图 4-40 所示。

图 4-40　使用滤镜最终效果图

（7）执行"文件"|"保存"命令，保存文档。

2）使用混合模式设计一个变化的相框

在 Animate CC 2018 中，混合模式类似将多种颜色原料混合在一起产生更丰富的颜色。使用混合模式，可以自由发挥创意，通过改变两个或两个以上重叠对象的透明度或者颜色相互关系，制作出层次丰富、效果奇特的合成图像。

一个混合模式包含 4 个元素：混合颜色、不透明度、基准颜色和结果颜色。

➢　混合颜色：填充工具的填充色或将要应用混合模式的图层已有的色彩。

➢　不透明度：应用于混合模式的透明度。

➢　基准颜色：混合颜色下像素的颜色。

➢　结果颜色：基准颜色混合后的色彩效果。

（1）新建一个 Animate CC 2018 文档（ActionScript 3.0），将"图层_1"重命名为 Frame。

（2）执行"文件"|"导入"|"导入到舞台"命令，导入一幅风景画。然后使用"任意变形工具"修改图片尺寸。右击图层 Frame 的第 1 帧，在弹出的快捷菜单中选择"复制帧"选项，如图 4-41 所示。

图 4-41 复制帧

（3）单击"图层"面板左下角的"新建图层"按钮，插入一个新的图层 Pic-copy。右击该图层的第 1 帧，在弹出的快捷菜单中选择"粘贴帧"选项，然后将图层 Pic-copy 拖放到图层 Frame 下方。

（4）分别右击图层 Frame 和图层 Pic-copy 的第 30 帧，在弹出的快捷菜单中选择"插入帧"选项。

（5）右击图层 Frame 的第 1 帧，选中图片并右击，在弹出的快捷菜单中选择"转换元件"选项，把图片转换成影片剪辑元件（图层混合模式只有在影片剪辑和按钮元件上才能使用）。

（6）接下来为图层添加混合模式。在图层 Frame 的第 10 帧插入一个关键帧，在舞台上单击影片剪辑元件，然后在"属性"面板中单击"显示"折叠按钮，在"混合"下拉列表框中选择"正片叠底"选项，如图 4-42 所示。

图 4-42 选择"正片叠底"混合模式

（7）在"属性"面板中单击"色彩效果"折叠按钮，在"样式"下拉列表框中选择 "色调"选项，然后单击"样式"右侧的颜色块，在弹出的色板中选择黄色，"色调"为60%。此时，画面的色调变为浅黄色，如图4-43所示。

图4-43　选择"色调"样式

（8）在第15帧按F6键插入关键帧，同样在第25帧和第30帧插入关键帧，然后按照第（6）和（7）步的方法设置一种不同的色调和着色量，并设置混合模式。

（9）右击第1帧～第10帧的任意一帧，在弹出的快捷菜单中选择"创建传统补间"选项。同样，在第10帧～第15帧、第15帧～第25帧、第25帧～第30帧创建传统补间动画。

（10）保存动画，然后按Ctrl+Enter快捷键测试动画，效果如图4-44所示。

图4-44　图层混合样式最终效果图

8. 知识巩固

根据以上内容，打开自己准备的素材文件，设计制作对应知识点的具有自己个性元素的作品。

实验三 制作 Animate CC 2018 动画

一、实验目的

1. 掌握制作逐帧动画的方法
2. 掌握制作补间动画的方法
3. 掌握制作模拟摄像头动画的方法
4. 掌握制作引导动画的方法
5. 掌握制作遮罩动画的方法
6. 熟悉 Animate CC 2018 动画制作的原理

二、实验内容

在 Animate CC 2018 中创建逐帧动画、补间动画、模拟摄像头动画、引导动画和遮罩动画

三、实验要求及步骤

1. 创建逐帧动画

逐帧动画就是利用人眼的视觉暂留性，在每一帧上创建一个不同的画面，连续的帧组合成连续变化的动画。这种方法制作出来的动画效果非常好，因为对每一帧都进行绘制，所以动画变化的过程非常准确、细腻。只是因为每一帧上都要绘制图形，所以需要消耗大量的工作量和时间。

1）绘制逐帧动画

（1）新建一个 Animate CC 2018 文档（ActionScript 3.0），设置窗口大小为 550 像素×400 像素，帧频为 12 帧/秒，背景颜色为白色。

（2）单击图层名称使之成为活动层，然后在动画开始播放的图层时间轴中选中第 5 帧。

（3）如果该帧不是关键帧，执行"插入"|"时间轴"|"关键帧"命令，使之成为一个关键帧。

（4）在序列的第 5 帧上用"刷子工具"画出人的头和躯干。在使用"刷子工具"之前，要先设置好刷子的形状和大小，如图 4-45 所示。

（5）在第 10 帧插入关键帧，画出人的左手。

（6）以此类推，在舞台中改变帧的内容，制作动画。依次在第 15 关键帧、第 20 关键帧、第 25 关键帧画出人的右手、左脚、右脚。

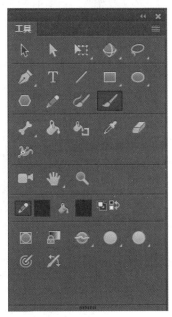

图 4-45 刷子工具

（7）完成逐帧动画序列，一个做操的简笔小人逐帧动画便制作完成，如图 4-46 所示。

图 4-46　逐帧动画效果

（8）执行"控制"|"测试场景"命令，测试动画序列。

2）导入图片制作动画

逐帧动画每一帧的内容可以是静态的图片、矢量图形、文字，也可以是导入的 GIF 动画。

（1）执行"文件"|"导入"|"导入到舞台"命令。

（2）在弹出的"导入"对话框中选择一个 GIF 动画文件。

（3）单击"打开"按钮，关闭对话框。

此时，在时间轴上可以看到自动生成的逐帧动画。

2. 创建补间动画

在 Animate CC 2018 中，补间动画有 3 种方式：补间动画、形状补间和传统补间。其中，补间动画是基于对象的动画形式；而形状补间和传统补间是基于关键帧的动画形式。本例介绍基于传统补间动画的设计方法。

（1）新建一个 Animate CC 2018 文档（ActionScript 3.0），设置窗口大小为 550 像素×400 像素，帧频为 12 帧/秒，背景颜色为白色。

（2）使用工具箱中的绘图工具在舞台上绘制道旁景色，然后使用"颜料桶工具"填充不同的绿色，如图 4-47 所示。

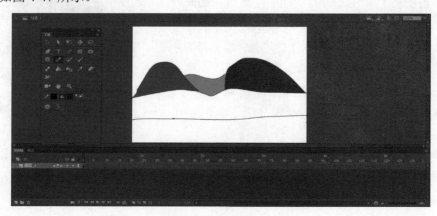

图 4-47　绘制风景图

（3）选择整个景色图形，执行"修改"|"转换
为元件"命令，在弹出的"转换为元件"对话框中
设置"名称"为"大山"，"类型"为"图形"，如
图 4-48 所示。单击"确定"按钮关闭对话框。

（4）执行"窗口"|"库"命令，打开"库"面
板。从"库"面板中拖动一个景色图形元件到舞台
上，并摆放好位置，使两个实例对接，如图 4-49
所示。

图 4-48 "转换为元件"对话框

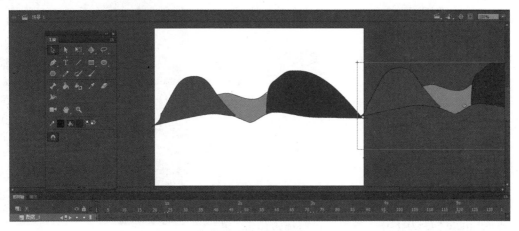

图 4-49 实例对接

（5）按住 Shift 键，选中两个实例，执行"修改"|"组合"命令，将这两个实例进行组合。
组合后的整体图形一部分位于舞台上，另一部分则处于舞台之外。舞台之外的部分是不可见的，
这样在制作传统补间动画之后，景色就会不断地从视线中"倒退"，就像坐在车子中看到路边
的景象一样。

（6）在"图层"面板左下角单击"新建图层"按钮，新建一个图层。执行"文件"|"导
入"|"导入到库"命令，导入一个骑自行车小人的动画文件到库中。然后打开"库"面板，
将自动生成的影片剪辑拖放到舞台上，并调整实例位置和大小，如图 4-50 所示。

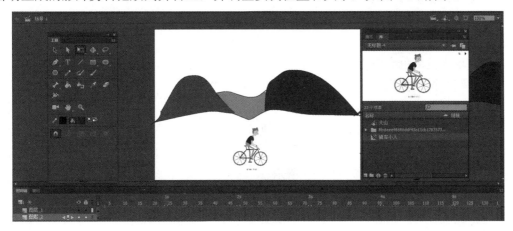

图 4-50 将动画拖进舞台

（7）在"图层_2"的第50帧按F5键插入帧，将动画延续到第50帧。

（8）选中"图层_1"的第25帧，按F6键插入一个关键帧，然后向左移动风景群。

（9）右击第1帧，在弹出的快捷菜单中选择"创建传统补间"选项。然后打开"属性"面板，在"补间"选项组设置"缓动"为-30，如图4-51所示。设置此属性的目的是使景色向左"后退"的速度越来越快，模拟骑车小人开始加速骑行。

（10）选中"图层_1"的第50帧，按F6键插入一个关键帧，然后向左移动风景群。

（11）右击第25帧，在弹出的快捷菜单中选择"创建传统补间"选项。然后打开"属性"面板，在"补间"选项组设置"缓动"为20，目的是使景色向左"后退"的速度越来越慢，模拟骑车小人开始减速。

（12）执行"文件"|"保存"命令保存文件，然后按Ctrl+Enter快捷键，测试动画效果。

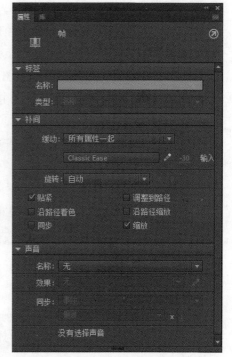

图4-51 设置"缓动"属性

3. 创建模拟摄像头动画

在Animate CC 2018中，系统提供对虚拟摄像头的支持，利用"摄像头工具"，可以在场景中平移、缩放、旋转舞台，以及对场景应用色彩效果。在摄像头视图下查看动画作品时，看到的图层会像透过摄像头来看一样，通过向摄像头图层添加补间或关键帧，可以轻松模拟摄像头移动的动画效果。

在Animate CC 2018中，"摄像头工具"具备以下功能。

➢   在舞台上平移帧主题。

➢   放大感兴趣的对象。

➢   缩小帧以查看更大范围。

➢   修改焦点，切换主题。

➢   旋转摄像头。

➢   对场景应用色彩效果。

下面介绍模拟摄像头动画——"美丽校园"的制作方法。

（1）新建一个Animate CC 2018文档（ActionScript 3.0），设置窗口大小为800像素×600像素，帧频为12帧/秒，背景颜色为白色。执行"文件"|"导入"|"导入到舞台"命令，在舞台中导入一张位图（美丽校园）作为背景，背景大小最好大于舞台尺寸。然后在第50帧按F5键，将帧延长到第50帧，如图4-52所示。

（2）添加摄像头图层。单击"图层"面板右下角的"添加摄像头"按钮📷，或在工具箱中单击"摄像头工具"按钮，即可启用摄像头，"图层"面板上出现一个摄像头图层。舞台底部显示"摄像头工具"的调节杆，且舞台边界显示一个颜色轮廓，颜色与摄像头图层的颜色相同，如图 4-53 所示。

图 4-52 在舞台导入图片

图 4-53 添加摄像头图层

知识扩展

摄像头仅适用于场景，不能在元件内启用摄像头。如果将某个场景从一个文档复制后粘贴到另一个文档中，它会替换目标文档中的摄像头图层。如果有多个场景，可以仅对当前活动场景启用摄像头。此外，如果要粘贴图层，只能将图层粘贴到摄像头图层的下面，且不能在摄像头图层中添加其他对象。

（3）右击摄像头图层的第 10 帧，在弹出的快捷菜单中选择"转换为关键帧"选项。默认情况下，"缩放控件" 处于活动状态，向右拖动调节杆上的滑块可放大舞台上的内容，如图 4-54 所示。

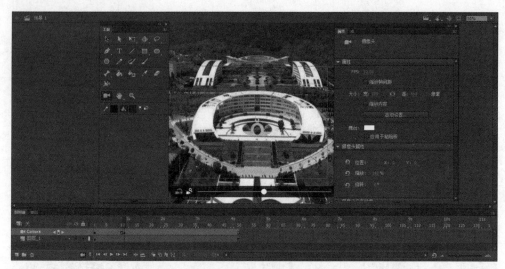

图 4-54　摄像头图层变化

（4）将摄像头图层的第 20 帧转换为关键帧，然后将鼠标指针移到舞台边界内，当鼠标指针变为┿时，按下鼠标左键向右拖动，舞台上的内容将向左平移；向上拖动，舞台上的内容将向下平移，如图 4-55 所示。如果向左或向下拖动，则舞台内容向右或向上平移。拖动时按住 Shift 键，可以水平或垂直平移舞台内容。

图 4-55　摄像头平移

（5）将摄像头图层的第 30 帧转换为关键帧，单击"旋转控件"按钮 ▣ 激活该工具，然后向右拖动调节杆上的滑块，逆时针旋转舞台上的内容，如图 4-56 所示。"旋转控件"处于活动状态时，向左拖动滑块，可顺时针旋转舞台内容；向右拖动滑块，则逆时针旋转舞台内容。

（6）将摄像头图层的第 40 帧转换为关键帧，然后单击"旋转控件"按钮，向左拖动调节杆上的滑块，顺时针旋转舞台上的内容。

（7）将摄像头图层的第 50 帧转换为关键帧，切换到"缩放控件"，向左拖动调节杆上的滑块，缩小舞台上的内容。

图 4-56 摄像头旋转

（8）右击摄像头图层第 1～10 帧中的任意一帧，在弹出的快捷菜单中选择"创建传统补间"选项。同样，在第 10～20 帧、第 20～30 帧、第 30～40 帧和第 40～50 帧创建传统补间关系。

（9）选中时间轴上的任意一帧，单击编辑栏上的"剪切掉舞台范围以外的内容"按钮▢，切除舞台以外的对象，如图 4-57 所示。

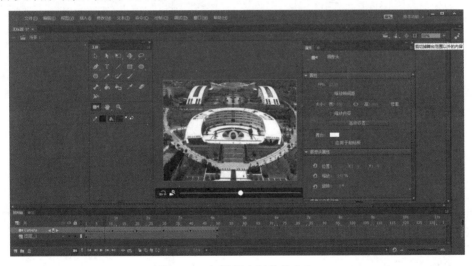

图 4-57 切除舞台以外的内容

（10）执行"文件"|"保存"命令保存文件，然后按 Ctrl+Enter 快捷键，测试动画效果。

4. 创建引导动画

Animate CC 2018 中，引导图层的作用是引导与它相关联图层中对象的运动轨迹或定位。引导图层只在舞台上可见，在最终影片中不会显示引导图层的内容。只要合适，可以在一个场景或影片中使用多个引导图层。

引导图层有两类：普通引导层和运动引导层。

（1）普通引导层：普通引导层只能起到辅助绘图和绘图定位的作用。右击创建的图层，在弹出的快捷菜单中选择"引导层"选项,即可将图层创建为普通引导层。此时,图层名称左侧显示图标 ,重复执行上述操作,可以在普通引导层和普通图层之间进行切换。

(2)运动引导层:运动引导层的主要功能是绘制动画的运动轨迹,内容通常是用钢笔工具、铅笔工具、线条工具、椭圆工具、矩形工具或画笔工具等绘制的线条。被引导层中的对象沿着引导线运动,可以是影片剪辑、图形元件、按钮、文字等,但不能是形状。

下面讲解创建运动引导层动画的方法。

(1)新建一个 Animate CC 2018 文档(ActionScript 3.0),设置窗口大小为 800 像素×600 像素,帧频为 12 帧/秒,背景颜色为白色。

(2)执行"插入"|"新建元件(图形)"命令,设置元件名称为"飞翔的小鸟"。用"刷子工具"画出一只小鸟,笔触颜色为黑色。

(3)在"图层"面板单击"新建图层"按钮 ,新建一个图层,默认名字为"图层_2"。

(4)执行"窗口"|"库"命令,将元件库调出到场景。选择新建图层的第 1 帧,将飞翔的小鸟从元件库中拖到场景中。

(5)在新建图层第 60 帧上插入关键帧,移动小鸟,使其开始位置与结束位置不同。同时在"图层_1"插入 60 帧普通帧。

(6)创建运动补间动画,右击第 1 帧,在弹出的快捷菜单中选择"创建传统补间"选项。

(7)右击小鸟所在图层,在弹出的快捷菜单中选择"添加运动引导层"选项。此时小鸟所在的普通层上方新建一个引导层,小鸟所在的普通层自动变为被引导层。

(8)在引导层中用"铅笔工具"绘制引导路径,笔触为红色。

(9)在被引导层中将小鸟元件的中心控制点移动到路径的起始点。

(10)选中小鸟所在图层的第 60 关键帧,将小鸟元件中心控制点移动到引导层中路径的最终点。

(11)这时一个小鸟沿着预先设定路径飞翔的引导动画就制作完成了,如图 4-58 所示。

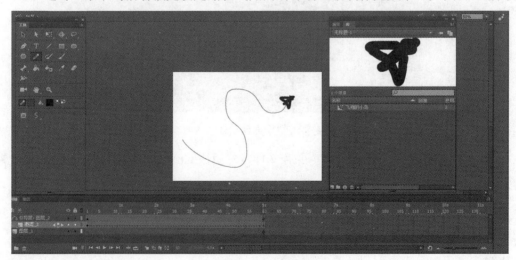

图 4-58　引导动画

(12)执行"文件"|"保存"命令保存文件,然后按 Ctrl+Enter 快捷键,测试动画效果。

5. 创建遮罩动画

在 Animate CC 2018 中，使用遮罩图层可以制作出各种各样绚丽多彩的动画效果，如望远镜效果、水波荡漾效果、万花筒效果、百叶窗效果、放大镜效果等。

遮罩动画必须要有两个图层才能完成。上面的一层类似于蒙版，只在某个特定的位置显示图像，其他部位不显示，称为遮罩图层；与遮罩图层连接的标准层称为被遮罩图层，它保留了所有标准层的功能。遮罩图层与标准层一样可以在帧中绘图，只是在图形的实心区域才有遮罩效果，没有图像的区域将完全透明，但遮罩图层里的图像不会显示，只起遮罩作用。

创建遮罩动画的步骤如下。

（1）新建一个 Animate CC 2018 文档（ActionScript 3.0），设置窗口大小为 800 像素×600 像素，帧频为 12 帧/秒，背景颜色为黑色。

（2）执行"文件"|"导入"|"导入到舞台"命令，选择一张图片导入舞台，并与舞台对齐，如图 4-59 所示。

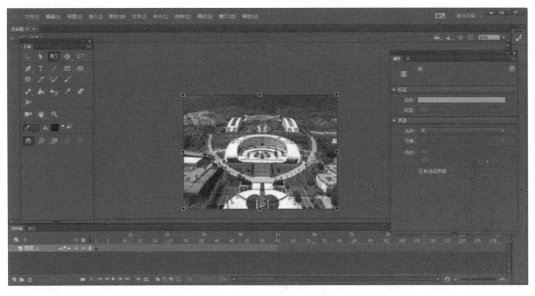

图 4-59 导入一张图片

（3）在"图层_1"的基础上新建一个"图层_2"，并在"图层_2"上用工具箱工具绘制一个望远镜图形。

（4）将两个图层的帧延长至 60 帧。

（5）在"图层_2"上的第 30 帧、第 60 帧处插入关键帧，选中第 30 关键帧、第 60 关键帧，将工作区中的椭圆拖到合适位置，然后右击"图层_2"中的任意一帧创建补间动画，如图 4-60 所示。

图 4-60　创建补间动画

（6）右击"图层_2"，在弹出的快捷菜单中选择"遮罩层"选项，这样就完成了遮罩动画的制作，如图 4-61 所示。

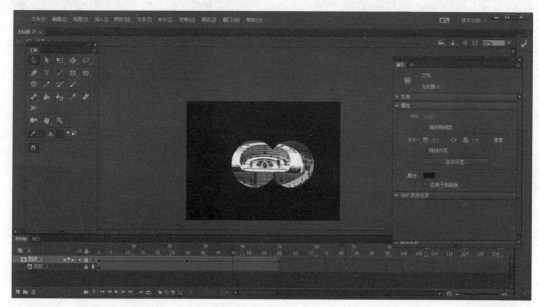

图 4-61　遮罩动画

（7）执行"文件"|"保存"命令保存文件，然后按 Ctrl+Enter 快捷键，测试动画效果。

6. 知识巩固

根据以上内容，打开自己准备的素材文件，设计制作对应知识点的具有自己个性元素的作品。

实验四　Animate CC 2018 声音、按钮和动作脚本的综合应用

一、实验目的

1. 掌握为动画作品添加声音的方法
2. 掌握制作按钮的方法
3. 熟悉对按钮设置动作脚本以控制动画播放的方法

二、实验内容

1. 在前面已经学过的知识基础上，用 Goldwave 软件录制或者编辑一首 mp3 歌曲。根据歌词的意境制作一个不低于 3 个场景（包括片头、内容、片尾）的简单动画作品，并用此 mp3 歌曲作为背景音乐

2. 通过按钮和相应的脚本设置，控制动画的播放、暂停和停止

三、实验要求及步骤

1. 制作有声动画

一个好的动画作品离不开声音，合适的音效会让作品增色不少。Animate CC 2018 提供了多种使用声音的途径，可以使声音独立于时间轴连续播放，也可使音轨中的声音与动画同步，或在动画播放过程中淡入或淡出。Animate CC 2018 可以将视频、数据、图形、声音和交互式控制融为一体，创建丰富多彩的多媒体应用程序。

在具体操作时，一般是在关键帧处指定开始播放或停止播放声音，目的是使声音与动画的播放同步，这是为影片添加声音最常见的操作。也可以将关键帧与舞台上的事件联系起来，这样就可以在完成动画时停止或播放声音。具体操作步骤如下。

（1）执行"文件"|"导入"|"导入到库"命令，选择一个声音文件，将声音导入"库"面板中。

（2）执行"插入"|"时间轴"|"图层"命令，为声音创建一个图层。

（3）在声音图层上创建一个关键帧，作为声音播放的开始帧。打开"属性"面板，在"声音"选项组的"名称"下拉列表框中选择一个声音文件；在"效果"下拉列表框中选择一种声音效果；在"同步"下拉列表框中选择"事件"选项，如图 4-62 所示。

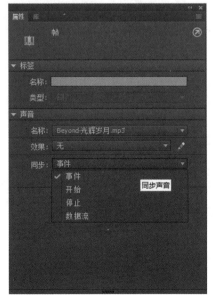

图 4-62　"属性"面板

在"同步"下拉列表框中有 4 种同步方式，介绍如下。

➤ 事件：声音与某个事件同步发生。当动画播放到被赋予声音的第一帧时，声音就开始播放。由于事件声音独立于动画的时间轴播放，因此，即使动画结束，声音也会完整地播放。此外，如果影片中添加了多个声音文件，那么听到的将是最终的混音效果。

➤ 开始：与事件方式相似，不同的是，同一段时间只能有一个声音播放。

➤ 停止：停止播放声音。

➤ 数据流：在 Web 站点上播放影片时，将声音分配到每一帧，从而使声音与影片同步。影片停止，声音也将停止。

（4）在"重复"下拉列表框后输入数字，用于指定声音重复播放的次数。

（5）在声音图层上创建另一个关键帧，作为声音播放的结束帧。在"名称"下拉列表框中选择同一个声音文件，然后在"同步"下拉列表框中选择"停止"选项，如图 4-63 所示。

图 4-63　声音停止设置

这样就可以为动画作品添加一个声音了。

 知识扩展

声音图层可以存放一段或多段声音，也可以把声音放在任意多个图层上，每一层相当于一个独立的声道，在播放影片时，所有层上的声音都将播放。添加声音效果时，最好为每一段声音创建一个独立的图层，这样可以防止声音在同一图层内相互叠加。

2. 创建交互动画

交互是人与计算机互相交流的一个过程，交互动画是指在作品播放过程中支持事件响应和交互功能的一种动画，也就是说，动画播放时能够随时受到某种控制，而不是像普通动画一样从头到尾进行播放。这种控制可以是动画播放者的操作，如触发某个事件，也可以是在动画制作时预先设置的事件。

1）添加动作

在使用 ActionScript 3.0 添加动作时，只能在帧或外部文件中编写脚本。添加脚本时，应尽可能将 ActionScript 放在一个位置，以更高效地调试代码、编辑项目。如果将代码放在 FLA 文件中，当添加脚本时，Animate CC 2018 将自动添加一个名为 Actions 的图层。具体操作方法如下。

（1）选中时间轴上要添加动作脚本的关键帧或空白关键帧。

（2）右击，在弹出的快捷菜单中选择"动作"选项，打开如图 4-64 所示的"动作"面板。

图 4-64　"动作"面板

（3）在脚本窗格中输入动作脚本即可。

这里需要注意，如果要为舞台上的实例指定动作，还应选中实例，在"属性"面板上指定实例的名称。在时间轴的关键帧上添加了动作后，时间轴的关键帧上会显示字母"a"标识。

通过"动作"面板还可以查找和替换文本、查看脚本的行号、检查语法错误、自动设定代码格式并用代码提示完成语法。

借助"代码片断"面板，非编程人员也能轻松地将 ActionScript 3.0 代码添加到 FLA 文件以启用常用功能。可以说"代码片断"面板是 ActionScript 3.0 入门的一种好途径。具体使用方法如下。

（1）选择舞台上的对象或时间轴中的帧。如果选择的对象不是元件实例，则应用代码片断时，Animate CC 2018 会将该对象转换为影片剪辑元件。如果选择的对象还没有实例名称，在应用代码片断时，Animate CC 2018 会自动为对象添加一个实例名称。

（2）执行"窗口"|"代码片断"命令，或单击"动作"面板右上角的"代码片断"按钮，打开"代码片断"面板，如图 4-65 所示。

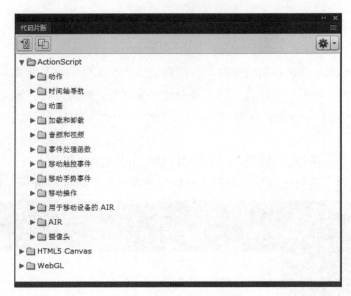

图 4-65　"代码片断"面板

（3）双击要应用的代码片断，即可将相应的代码添加到"动作"面板的脚本窗格之中，如图 4-66 所示。

图 4-66　利用"代码片断"面板添加代码

2）播放和停止影片——控制飞翔的蝴蝶

（1）新建一个 ActionScript 3.0 文档，设置舞台大小为 800 像素×600 像素，帧频为 12 帧/秒，舞台背景为白色。

（2）执行"文件"|"导入"|"导入到库"命令，导入一张外部图片到库，并把图片拖到舞台作为舞台背景，将"图层_1"重命名为"舞台背景"，在第 60 帧插入帧，如图 4-67 所示。

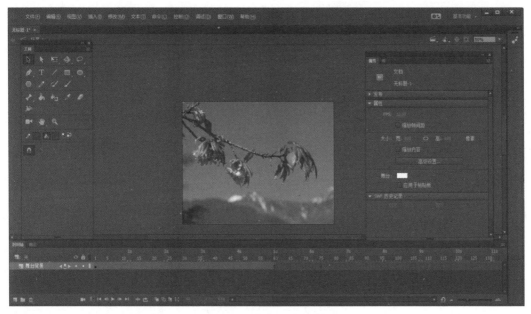

图 4-67 舞台设计窗口

（3）执行"插入"|"新建元件"命令，创建一个名为 butterfly 的影片剪辑。

（4）双击 butterfly 影片剪辑，打开影片剪辑设计窗口，利用逐帧动画设计一只飞翔的蝴蝶，如图 4-68 所示。

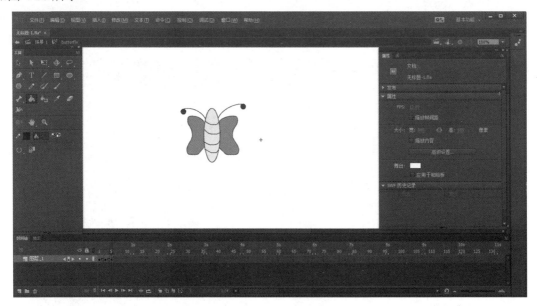

图 4-68 制作逐帧动画

（5）返回主场景。执行"插入"|"新建元件"命令，使用绘图工具的"椭圆工具"分别创建名为"播放"和"暂停"的按钮，如图 4-69 所示。其中按钮时间轴的 4 帧分别代表按钮的弹起、指针经过、按下、点击 4 种状态。可以根据自己的需要设计五彩缤纷的按钮式样。

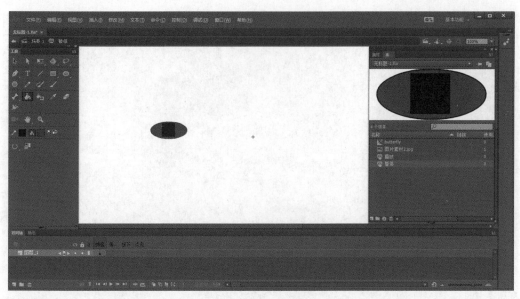

图 4-69　制作按钮

（6）返回主场景，新建两个图层，分别命名为"蝴蝶层"和"按钮层"，用来存放蝴蝶影片剪辑和按钮元件。打开"库"面板，将 butterfly 影片剪辑、"播放"按钮元件、"暂停"按钮元件拖到舞台上，并摆放到合适的位置。

（7）利用补间动画和引导动画，给 butterfly 影片剪辑设计一个飞翔的路径。

（8）选中影片剪辑实例，在"属性"面板上设置实例名称为 hd。分别选中两个按钮实例，在"属性"面板上分别命名为 stopbutton 和 startbutton。效果图如图 4-70 所示。

图 4-70　制作补间动画和引导动画

（9）选中"暂停"按钮实例，打开"代码片断"面板，双击"事件处理函数"分类下的"Mouse Click 事件"。切换到"动作"面板，在脚本编辑区删除示例代码，如图 4-71 所示，然后输入如下代码：

```
stop();
hd.stop();
trace(“蝴蝶停止”);
```

图 4-71　编写代码

（10）选中"播放"按钮实例，按照步骤（9）的方法在"动作"面板的脚本编辑区输入如下代码：

```
play();
hd.play();
trace（“蝴蝶飞翔”）;
```

此时"动作"面板的脚本编辑区中的代码如图 4-72 所示。

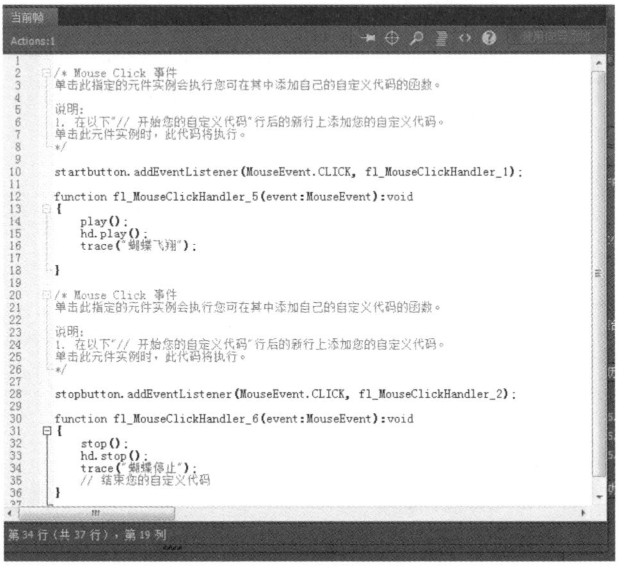

图 4-72　动作代码

（11）执行"文件" | "保存"命令保存文件，然后按 Ctrl+Enter 快捷键，测试影片。

3）单击按钮跳到某一帧或场景

若要跳转到影片中的某一特定帧或场景，可以使用 goto 动作，goto 动作分为 gotoAndPlay 和 gotoAndStop，可以指定影片跳转到某一帧开始播放或停止。选中要指定动作的按钮实例或影片剪辑实例，并为对象指定实例名称。

（1）执行"窗口"|"动作"命令，打开"动作"面板。

（2）执行"窗口"|"代码片断"命令，打开"代码片断"面板，根据需要，执行相应的操作。

4）时间轴运行跳转后，影片继续播放

（1）选中时间轴上的某个关键帧，右击，在弹出的快捷菜单中选择"动作"选项。

（2）在"代码片断"面板中展开"时间轴导航"类别，然后双击"单击以转到帧并播放"。此时，时间轴面板顶层将自动添加一个名为 Actions 的图层，并在第一帧添加如图 4-73 所示的代码。

图 4-73　时间轴上跳到某帧开始播放代码

其中，movieClip_1 为选中的影片剪辑的实例名称；gotoAndPlay(5)表示跳转到当前场景的第 5 帧并开始播放。可以根据实际需要修改参数。

5）时间轴运行跳转后，影片停止播放

（1）选中时间轴上的某个关键帧，右击，在弹出的快捷菜单中选择"动作"选项。

（2）在"代码片断"面板中展开"时间轴导航"类别。

（3）在"时间轴导航"类别中双击"单击以转到帧并停止"，在"动作"面板中可以看到类似 gotoAndStop(5)的代码。

6）跳转到前一帧或下一帧

在脚本窗格中输入 prevFrame()或 nextFrame()命令。

7）跳转到指定场景

（1）选中时间轴上的某个关键帧，右击，在弹出的快捷菜单中选择"动作"选项。

（2）在"代码片断"面板中展开"时间轴导航"类别。

（3）在"时间轴导航"类别中双击"单击以转到场景并播放"，可以看到如图 4-74 所示的代码。

图 4-74　跳到指定场景代码

8）跳转到前一场景或下一场景

在脚本窗格中输入 prevScene()或 nextScene()函数。

9）跳转到指定的 URL

如果要在浏览器窗口中打开网页，或将数据传递到指定 URL 的另一个应用程序，可以使用 navigateToURL 动作。具体方法如下。

（1）选中要指定动作的帧、按钮或影片剪辑。

（2）在"动作"面板的脚本窗格中输入如图 4-75 所示的代码语句。

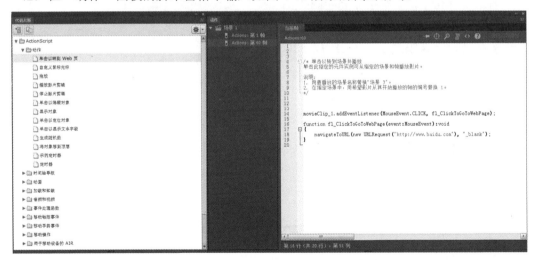

图 4-75　跳转到 URL 代码

（3）图 4-75 中代码表示单击名为 movieClip_1 的实例，在新窗口中跳转到网址 http://www.baidu.com。在指定 URL 时，可以使用相对路径或绝对路径。

3. 知识巩固

根据以上内容，打开自己准备的素材文件，设计制作对应知识点的具有自己个性元素的作品。

第五单元

网页制作基础

实验　利用 Dreamweaver CC 2018
制作一个图文混排的多媒体网页

一、实验目的

1. 掌握创建本地站点的方法和步骤
2. 掌握在网页中插入各种网页元素的方法
3. 熟练使用 CSS 样式表美化网页

二、实验内容

1. 创建本地站点
2. 插入各种网页元素
3. 使用 CSS 样式表美化网页

三、实验要求及步骤

1. 创建本地站点及新建网页

1）创建本地站点

（1）启动 Dreamweaver CC 2018，执行"站点"|"新建站点"命令，打开"站点设置对象"对话框，在"站点"选项界面中的"站点名称"文本框中输入 dmt，在本地计算机 E 盘上新建站点文件夹 dmt，单击"本地站点文件夹"右侧按钮，选择 E：\dmt\，如图 5-1 所示。

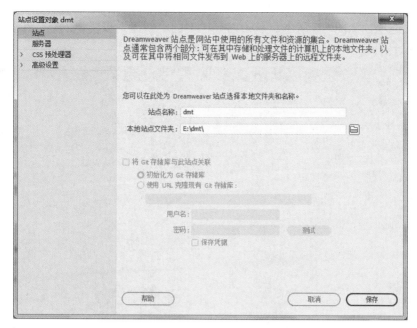

图 5-1　设置本地站点名称和路径

（2）在"站点设置对象"对话框中选择"高级设置"选项，在本地计算机 E 盘上新建的站点文件夹 dmt 下建立图像文件夹 img，在"默认图像文件夹"中选择 E：\dmt\img，如图 5-2 所示。

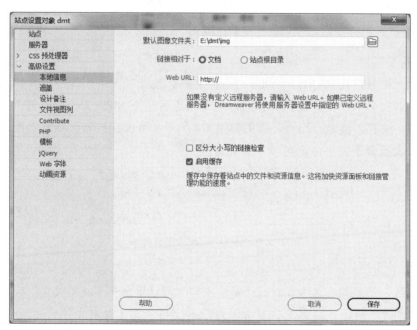

图 5-2　设置本地站点的默认图像文件夹

（3）单击"保存"按钮，关闭当前对话框，本地站点 dmt 创建完成。

2）新建网页

（1）执行"文件"|"新建"命令，打开"新建文档"对话框，在"文档类型"列表中默

认选择 HTML 选项，如图 5-3 所示。单击对话框中的"创建"按钮，创建一个新的 HTML 文档，并关闭该对话框。

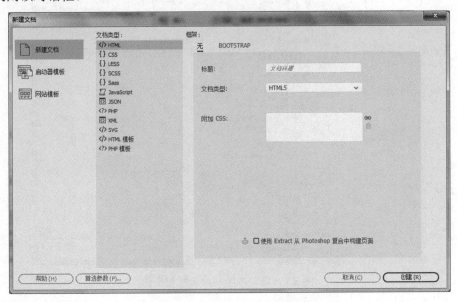

图 5-3 "新建文档"对话框

（2）新建一个网页文件，执行"文件"|"另存为"命令，在打开的"另存为"对话框中将当前文件重命名为 index，单击"保存"按钮，将 index 网页保存在当前站点根目录下。

2. 插入网页元素并使用 CSS 样式表美化网页

1）插入背景音乐

执行"插入"|HTML|HTML5 Audio 命令，这时在设计视图中出现一个音频图标，在"属性"面板的"源"右侧单击"浏览"按钮，选择站点目录下 MP3 文件夹下的"大理三月好风光.mp3"文件，按 F12 键运行网页，效果如图 5-4 所示。可以在该音频播放面板上控制音乐的播放和暂停、调整音量大小，还可以下载该音频文件。

图 5-4 网页中的音频播放面板

2）新建样式表

执行"文件"|"新建"命令，打开"新建文档"对话框，在"文档类型"列表中选择 CSS 选项，单击"创建"按钮，新建一个未命名的 CSS 文件。将未命名文件另存到站点文件夹中，名称为 mystyle.css，然后在"CSS 设计器"面板中单击"选择器"左侧的"+"，在下方输入 body。单击下方"属性"面板左侧的"+"，在下方输入要设置的属性，如 background-color，在右边的属性值里输入#ffffcc，用同样的方法设置其他属性，如图 5-5 所示。再次单击"选择器"左侧的"+"，在下方输入 h1，并在下方的"属性"面板中设置 h1 的相应属性，效果如图 5-6 所示。

图 5-5　设置 body 标签属性

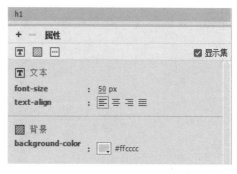

图 5-6　设置 h1 标签属性

3）查看 mystyle.css 文件的代码

mystyle.css 文件的代码如下。

```
@charset "utf-8";
/* CSS Document */
body {
    background-color: #ffffcc;
    font-family: "隶书";
    line-height: 50px;
    color: #0B0B0B;
    font-style: normal;
    text-align: center;
    font-size: 36px;
    padding-left: 150px;
    margin: 0 auto;
    padding-right: 150px;
}
h1 {
    font-size: 50px;
    text-align: left;
    background-color: #ffcccc;
}
```

4）输入文本

在网页中输入 3 行文本，分别是"大理风光""图片欣赏""视频播放"。

分别选中每一行标题，在"属性"面板的"格式"中选中"标题 1"格式，然后链接步骤 2）中新建的 mystyle.css 样式表，在"CSS 设计器"面板的"源"左侧单击"+"按钮，选择"附加现有的 CSS 文件"选项，打开"使用现有的 CSS 文件"对话框，单击"浏览"按钮，选择站点文件夹下的 mystyle.css 文件，该文件下的属性被应用到 index 网页文件中，效果如图 5-7 所示。在"大理风光"标题下输入文本"春有百花秋有月，夏有凉风冬有雪"，该文本会自动套用 mystyle.css 文件中的属性。

5）设置网页单元格属性

单击"图片欣赏"文本的下一行，执行"插入"|Table 命令，弹出 Table 对话框，如图 5-8 所示。在"行数"文本框中输入 1，在"列"文本框中输入 4，在"表格宽度"文本框中输入 800，单位为"像素"，在"边框粗细"文本框中输入 0，单击"确定"按钮完成设置。

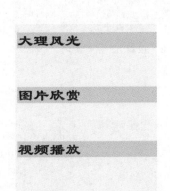

图 5-7　文本使用 CSS 样式表的效果　　　　　　图 5-8　Table 对话框

6）在网页单元格中插入图像

（1）单击表格中的第一个单元格，执行"插入"|Image 命令，在"选择图像文件"对话框中选择站点默认图像文件夹下的 1.jpg，单击"确定"按钮完成图片的插入。

（2）选中刚刚插入的图片，在图片的"属性"面板中设置图片的宽度为 200 像素，高度为 150 像素，用相同的方法插入图片 2.jpg、3.jpg、4.jpg，并设置同样的宽度和高度。单击网页左下角的 table 标签，在"属性"面板中设置表格的对齐方式为"居中"，最终效果如图 5-9 所示。

图 5-9　在网页中插入图片

7）在网页中插入视频文件

单击"视频播放"文本的下一行，执行"插入"|HTML|HTML5 Video 命令，在该视频的"属性"面板中设置"宽度"为 400，"高度"为 300，单击"源"旁边的"浏览"按钮选择站点目录下的视频文件"大理一见钟情.mp4"，按 F12 键运行网页，可以看到"视频播放"标题

下有一个视频播放窗口，单击"播放"按钮可以播放该视频，效果如图 5-10 所示。也可以单击"全屏播放"按钮以全屏方式观看视频。

图 5-10 在网页中播放视频

8）查看网页的代码

网页的代码如下。

```
<html>
<head>
<meta charset="utf-8">
<title>无标题文档</title>
<link href="mystyle.css" rel="stylesheet" type="text/css">
<!--链接 CSS 样式表-->
</head>
<body>
<audio controls="controls" autoplay="autoplay" >          <!--插入音频文件-->
    <source src="mp3/大理三月好风光.mp3" type="audio/mp3">
</audio>
<h1>大理风光</h1>
春有百花秋有月 夏有凉风冬有雪
<h1>图片欣赏</h1>
<table width="800" border="1" align="center">            <!--插入表格-->
    <tbody>
        <tr>
            <td><img src="img/1.jpg" width="200" height="150" alt=""/></td>
            <td><img src="img/2.jpg" width="200" height="150" alt=""/></td>
            <td><img src="img/3.jpg " width="200" height="150" alt=""/></td>
            <td><img src="img/4.jpg " width="200" height="150" alt=""/></td>
        </tr>
    </tbody>
</table>
<h1>视频播放</h1>
<video width="400" height="300" controls="controls" >      <!--插入视频文件-->
    <source src="大理一见钟情.mp4" type="video/mp4">
</video>
</body>
</html>
```

3. 知识巩固

根据以上内容，打开自己准备的素材文件，设计制作对应知识点的具有自己个性元素的作品。

参 考 文 献

[1] 寸仙娥，王建书．多媒体技术及应用[M]．北京：北京邮电大学出版社，2016．

[2] 王建书，寸仙娥．多媒体技术及应用实验指导与习题集[M]．北京：北京邮电大学出版社，2016．

[3] 职场无忧工作室．Animate CC 2018 中文版入门与提高[M]．北京：清华大学出版社，2019．

[4] 李沛然．中文版 Photoshop CC 2018 从入门到精通[M]．4 版．北京：机械工业出版社，2019．

[5] 周平．Premiere Pro CC 2018 基础教程[M]．3 版．北京：清华大学出版社，2019．

[6] 杨端阳．电脑音乐家：Adobe Audition CC 电脑音乐制作从入门到精通[M]．北京：清华大学出版社，2016．

[7] 杨东慧，殷爱华，高璐．多媒体技术与应用项目教程[M]．北京：航空工业出版社，2018．

[8] 杨雪静，胡仁喜．Dreamweaver CC 2018 中文版标准实例教程[M]．北京：机械工业出版社，2019．